讓響應式(RWD)網頁設計變簡單

Bootstrap開發速成(第三版)

序

隨著科技的演進造就了行動載具的普及,形成人手一機的現象,藉此瀏覽網頁的媒介已不再侷限於電腦,反而較多是使用行動載具來瀏覽網頁。由於行動載具的機型越來越多樣化,導致載具在尺寸上的不一致,設計網頁時所要顧慮的因素也越來越多,為了使瀏覽者在行動載具上能獲得最佳的閱讀與瀏覽體驗,因而誕生了「響應式網頁設計」(Responsive Web Design, RWD)概念。

就網頁發展史而言,不論在美感或技術等層面上,都一直不斷的在演進與更新,對於從事網頁設計的人而言,也必須不斷進步來強化自身的實力,進而設計出更好的網頁來呈現在眾人的面前。截至目前為止,網路上有很多網頁框架都具有響應式設計規範,其目的為提供一套統一的框架來減去網頁程式人員自訂響應式規範的時間,以在短時間內就能製作出具有響應式效果的網頁。因此,本書以最流行的 Bootstrap 網頁框架為主,從範例中引導網頁工程師該如何使用網格系統與各種輔助類別。

同時,對於從事網頁平面設計的您而言,也可從書籍中理解到何謂響應式網頁,以及響應式網頁與傳統網頁設計上的差異等知識,使設計出的網頁版型能符合工程師的需求。藉此期許各位讀者可以透過此書作為一個與時俱進、充實技術能力、深得客戶和老闆歡心的設計師。

呂國泰、鍾國章

CONTENTS 目錄

01 響應式網頁介紹

02 響應式網頁的主要概念

03 網站開發流程

11 CSS 的使用

12 Components 元件的使用

16 企業型購物網站－關於岡南

17 企業型購物網站－人力資源

18 企業型購物網站－連絡我們

線上下載

本書「活動報名版型與部落格版型」電子書 PDF、範例檔、第 10 章至 25 章範例實作影音教學檔，請至 http://books.gotop.com.tw/download/ACU084400 下載。其內容僅供合法持有本書的讀者使用，未經授權不得抄襲、轉載或任意散佈。

CHAPTER

01

響應式網頁
介紹

1.1 為何需要響應式網頁

根據摩根士丹利研究公司全球互聯網用戶的預測：行動載具 VS 電腦，從 2007 年到 2015 年。消費者將不再需要使用個人式電腦來瀏覽網站，而是可透過行動載具來瀏覽具有響應式設計的網站。因此，以往像是必須在個人電腦上操作的網路訂票、網路購物、閱讀新聞或玩遊戲等動作，在現今人手一機的時代，多數人可利用通勤、吃飯或等待交通運輸的任何時間點來完成。

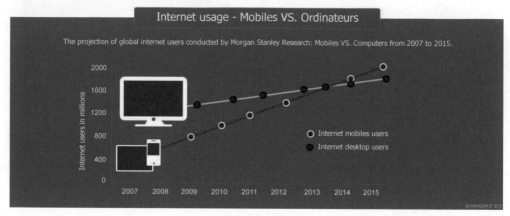

◆ 圖片來源：http://www.hangar17.com/en/responsive-webdesign

在 Google 報告「嶄新多螢幕世界：了解跨平台消費行為」（The New Multi-screen World：Understanding Cross-Platform Consumer Behavior）研究中提到，90% 的人會在電腦、平板、手機以及數位電視等不同設備和媒體間進行互動，其中手機就佔了 38% 以上。除此之外，90% 的消費者會先以手機作為各種互動的出發點，然後再到個人電腦。以手機作為出發點佔 49%，領先於個人電腦和筆記型電腦的 34%。該報告還指出，電視不再吸引人們的關注，因為有 77% 的觀眾會使用其他設備來看電視。Google 表示，此項研究計畫不僅要了解消費者在不同載具上的媒體消費情況以及使用比例，該結果意味著企業與消費者們的連結方式，下列為 Google 研究的訊息圖。

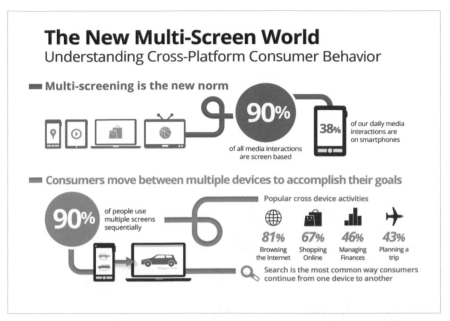

◆ 圖片來源：http://www.clasesdeperiodismo.com/2012/09/05/el-90-del-consumo-de-medios-de-comunicacion-se-da-frente-a-una-pantalla/

財團法人台灣網路資訊中心（Taiwan Network Information Center, TWNIC）於 2017 年 7 月 21 日公布「2017 台灣寬頻網路使用調查」報告，推估全國 12 歲以上上網人數達 1,760 萬人；而全國上網人數經推估已達 1,879 萬，整體上網率達 80.0%。其中，民眾主要上網方式為使用行動電信網路，占 39.1%，是自 2003 年進行該調查以來首度超越 ADSL（含 ADSL+WLAN）/ VDSL（光纖到府 / 光纖到宅），顯示行動上網已成國人最常使用的連網方式。

綜合上述三點結果顯示，民眾可在不受時空與環境的限制下，皆能透過行動載具進行瀏覽網頁動作，這樣的趨勢也成為各企業必須掌握的行銷重要管道之一，藉此創造出更多的業績與營收；若企業的品牌形象網站或商業購物網站尚未針對行動載具進行優化，勢必會影響停留時間與加速逃離的可能性。因此在行動載具當道的年代，網站的建置勢必比早期更加困難，早期只需考量電腦上不同瀏覽器的顯示問題，如今還必須考量電腦、平板、手機以及數位電視等裝置上的顯示畫面。

1.2 何謂響應式網頁

1.2.1 介紹

當使用行動載具瀏覽到沒有響應式規範的網站時，螢幕會顯示該網站依載具螢幕比例而縮小後的結果，此結果會導致內容因為縮小而造成不易閱讀與點擊等問題，這時必須利用手勢對網頁進行放大動作才有利進行閱讀或互動。

◆ 沒有 RWD 的網頁在不同載具中的呈現

初期許多企業在因應此項轉變，是特地為行動載具製作行動版網站，此做法會造成業主在網站資料維護上的繁瑣，同樣的內容卻要更新兩次，當時間一久後就容易造成不同版本網站資訊不一致的情況；另外，若使用行動載具瀏覽網站的訪客則是輸入電腦版的網址，待連線成功後，網站會自動根據瀏覽載具的判斷，而重新導向至行動版網站，這會造成不同網址卻相同內容的狀況，對企業在 SEO 排名上也較為不利。

此做法延續到 2011 年由 Ethan Marcotte 提出的響應式網頁設計（Responsive Web Design）簡稱 RWD，而徹底顛覆，此概念也造成網頁開發領域上的革命性變革。RWD 又可稱適應性網頁、自適應網頁設計、響應式網頁設計、多螢幕網頁設計。

此概念至 2012 年後被公認為是日後網頁開發技術的趨勢。簡易來說，響應式網站會針對不同瀏覽媒介（桌上型電腦、筆記型電腦、平板、手機）的螢幕尺寸，自動進行內容排版上的調整，使不同載具在瀏覽網頁時其字體、選單、按鈕、連結與圖片等元素不至於縮小到不易閱讀或點擊的情況，同時避免在較小載具中使用縮放、平移和捲動螢幕等操作。

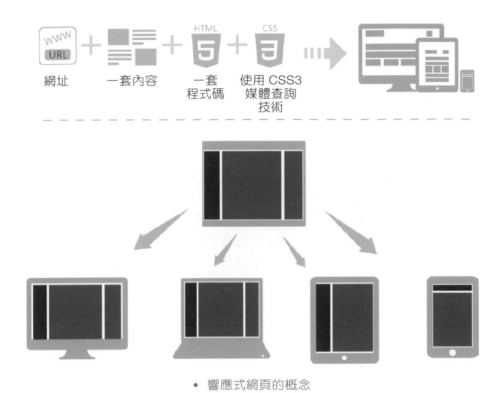

網址 ＋ 一套內容 ＋ 一套程式碼 ＋ 使用 CSS3 媒體查詢技術

◆ 響應式網頁的概念

當訪客無論使用何種載具來瀏覽網站時，都能提供最佳的瀏覽體驗，以達到較長的停留時間，且融入此概念的網站在資料的維護上，只需維護一個版本即可。此概念不單只是程式開發上的配合而已，反而是在一開始的整體架構及設計階段就需導入響應式的概念，在響應式概念的引導下，網頁框架必須簡潔俐落，訊息清晰易讀，並搭配優美的圖片，最終使網頁可以正確無誤的傳達出品牌形象及企業訊息給到訪的訪客。

到了 2018 年，響應式網頁已變成必要的設計。此概念得到大眾認可的主要因素為在現今行動載具快速成長與多樣化的情況下，已不再有標準的螢幕尺寸，且嚴格定義後的響應式設計規範，憑藉著本身具有的各種彈性，而靈活的適應在不同的載具中，以達到跨平台瀏覽互動的目的。因此，響應式網頁概念就是要幫助網站達到行動載具最佳化，讓網站可以在所有行動載具上完美的呈現，不再讓訪客迅速逃離。

1.2.2 優點

導入響應式概念所建置出的網站具有下列幾項優點。

（1）可跨平台與適用多種載具

跨平台與支援多種載具是響應式（RWD）的最大優點，也是其主要目的。在尺寸與規格越來越多的行動時代，響應式網站不必再擔心不同螢幕尺寸所帶來的各種問題，因 RWD 的特性就是會根據不同的螢幕尺寸重新調整排版與調整元素，例如在電腦上的產品圖片是橫向水平排列，到了智慧型手機中時則改為垂直縱向排列，藉由類似的調整動作讓網站有最佳的瀏覽體驗。

（2）開發成本與時間低

早期為了解決透過行動載具瀏覽網站的問題，因而製作電腦與行動兩種版本，加上判讀載具程式使將網址導向電腦或行動版的網站，例如電腦版網址為 http://www.123learngo.com，若是行動版則會導往 http://m.www.123learngo.com 網址。同個企業網站卻有兩種版本，自然會增加開發費用、時間與維護成本。

如今可透過 CSS3 的 Media Query 來撰寫不同尺寸間的 CSS 內容，故可解決不同載具的排版與樣式調整問題。

（3）不需下載 APP 就能使用

這不只是響應式網頁的優點，可說是所有網頁相較於 APP 的最大優勢。APP 必須到 iTunes 或 Google Play 等商店進行下載，APP 若要更新則必須重新審核過後再通知所有下載用戶更新，反之響應式網頁只要管理者更新頁面即可，訪客無需做任何更新動作。

（4）維護成本比 APP 低

網頁在新增、刪除與修改上只需修改 HTML 與 CSS 即可達成維護的動作，反而網頁型 APP 還要不定期根據行動載具的作業系統版本進行檢視與更新，避免發生下載後無法使用的情形，有時遇到作業系統的大改版，APP 還需重新發佈上架，待相關問題處理後才能確定 APP 可在多數的行動載具上運作。

（5）品牌形象一致

即便不同螢幕尺寸中的網站在排版上有些許不同，但在整體的視覺上仍屬一致，多數人也認為此轉變並不會間接對網站產生陌生感而導致排斥。

（6）改善使用者體驗、提升網站轉換率

網路行銷經常提及的網站轉換率，意即訪客成為客戶的比例。當採用響應式概念的網站，表示網站能夠接納各式各樣的網路客戶。除了可根據各種載具的螢幕尺寸自動調整排版外，包括功能應用、選項等也都能進行最佳化處理，以提高操作上的體驗與便利性，進而提升網站轉換率。

（7）利於 SEO（搜尋引擎最佳化）

若網站未採用響應式設計，而是有電腦與行動兩種版本網站時，會分散網站在搜尋排名上的力道，因同樣內容卻存在著兩個網址，會導致搜尋排名計分被分攤。響應式網站可以避免重覆的內容、保持網頁原本的連結，故採用響應式設計而符合 SEO 的條件如下。

1. 減少重複的網頁內容。

2. 降低網頁跳離率。

3. 避免訪客碰壁，提高網頁可用性。

4. 保持單一鏈結。

5. 提高在地搜尋評價。

1.2.3 缺點

雖然響應式網站帶來多種效益，但因為某些因素終究還是有無法滿足的部分，缺點説明如下。

（1）舊版瀏覽器不支援

因響應式網站需以 CSS3 的 Media Query 搭配使用，此技術在舊版的瀏覽器中並未支援，以下列出目前已支援的瀏覽器版本：

> Internet Explorer 9 以上。

> Chrome、Firefox、Opera、Safari 使用自動更新至最新版本即可。

（2）不適合太複雜的網頁內容

響應式網站必須考量不同載具上的運作，為了讓響應式網站可適應不同的瀏覽載具，必須要同時考慮網頁元素在電腦和行動載具上的呈現效果，因此不適合製作太過複雜的內容或功能，如電腦上可為圖片加入滑鼠的滑入與滑出特效，但在行動載具上是以手指觸控為主，故沒有滑入與滑出的手勢（只有按下與放開），加上瀏覽畫面也較小，此時就不適合呈現複雜的功能與介面來影響訪客的瀏覽體驗。

（3）載入速度問題

響應式網站是使用同一份 HTML 及 CSS 檔案，因此無論使用電腦或行動載具瀏覽網站皆是下載同一份檔案。下載後，網站會根據載具的尺寸去讀取 CSS 文件中的對應內容，若網站中載入或撰寫過多不必要的內容時反而會影響網站在載入與瀏覽的速度，此問題也是造成訪客跳離網站的主要要素之一，因此網頁工程師針對各式檔案文件的優化就顯得格外重要。

（4）開發時間長

專案在一開始就需做好詳細的規劃，如定義在不同尺寸間的排版與樣式上的改變等，故所花費的時間一定會比開發單一尺寸網站的時間來的久。

1.3 網頁設計趨勢

網頁設計趨勢每年都在改變，有的設計趨勢在演進中逐漸消失，有的則在熟練運用過程中漸入佳境，甚至逐步褪變成為主流。如今像是響應式網頁、全幅背景、捲動式與微動畫等幾種網頁模式逐漸成了主流。

近年的網站設計趨勢，也將持續專注於響應式網頁的體驗優化，同時包含了操作的便利性、網站瀏覽速度、強化易讀性。在此筆者列出 10 種常見的網頁趨勢，如下：

1.3.1 響應式網頁設計

響應式網頁是一種網頁設計的技術工法，可使網站在多種載具上閱讀和瀏覽，如同一筆圖文資料在電腦上為橫向排列，當載具寬度縮減到手機尺寸時，則顯示為縱向排列，此瀏覽動線上的改變並不會因載具尺寸不同而無法正常閱讀。

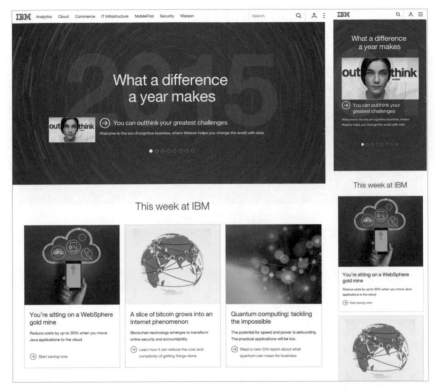

◆ http://www.ibm.com/

1.3.2 全幅背景

全幅背景相較於傳統固定寬度與高度的 banner 情境圖，更能突顯氣勢磅薄的形象。

在 HTML5 新增的標籤中含有影片（Video）標籤，除了圖片之外還可以採用影片作為背景。

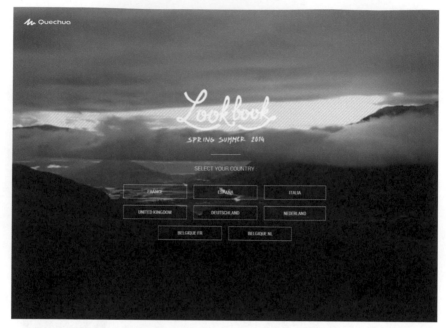

• 背景以全幅的 HTML 5 影片方式作呈現
http://mountain.quechua.com/lookbook-spring-summer-14

• 背景以全幅的圖片方式作呈現
http://moderngreenhome.com/

1.3.3 單頁式網頁

單頁式網頁也可稱為「滾動式網頁」。單頁式網頁是目前最常見的呈現手法之一，尤其是宣傳性質或內容較少的網站，常以此方式呈現。比起在一堆連結中跳轉，而必須不斷重新等待新頁面載入，將資訊放在單頁的形式反而更容易瀏覽，如Apple 產品介紹的頁面，就是符合長網頁的趨勢，把所有規格與功能全部放在單一網頁內，並且增添了一些精緻的微動畫元素，以抓住訪客的注意力。

1.3.4 固定式選單

將功能性選單設計成固定式，是近來流行的趨勢之一。當頁面逐步往下捲動瀏覽時，最頂端的選單其實早已看不到，必須再重新回到網頁頂端後才可點擊其他按鈕進行頁面切換。因此為了改善操作體驗，會將選單固定在網頁的頂端，不論頁面如何向下捲動，選單依然存在，或者在網頁中加上「回到頁頂」（Back to top）的固定式按鈕，以快速回到網頁頂端，這也是常見的解決方案。

◆ https://www.rudys.paris/

◆ http://www.apple.com/iphone/

1.3.5 扁平化設計

有別於過去講求擬真立體感的設計，扁平化設計的核心在於簡潔化，只保留必要元素。扁平化的優勢在於它不僅讓網頁程式輕量化，提升網站速度，同時也為訪客帶來更清晰的視覺觀感。

◆ http://landerapp.com/

1.3.6 微動畫

過去 Flash 時代，常在網站中添加各種酷炫的動態效果，甚至使用 Flash 製作網站。至今 Flash 已不符合時代趨勢而被淘汰，取而代之的是簡單、不影響閱讀的微動畫，如利用 CSS 製作滑入按鈕時的色彩漸變或圖片躍動等微動畫，讓網站在瀏覽時有畫龍點睛的效果。

◆ https://historyoficons.com/

1.3.7 磚牆式設計

磚牆式設計也稱為「卡片設計」或「瀑布流設計」，經常用在呈現許多資訊流的頁面，例如用圖片呈現整個照片牆。磚牆式設計由於可橫排 / 直排切換，因此也很常見於 RWD 響應式網頁設計中。

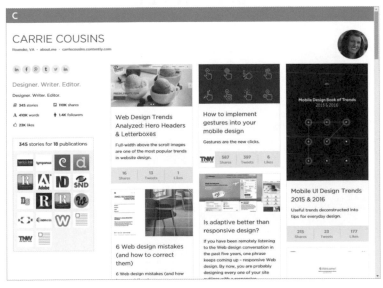

◆ https://carriecousins.contently.com/

此設計技巧不算新穎，但卻是響應式網頁設計的最佳實踐，磚牆式設計的優勢是內容模組化，有助於大量資料的呈現。

1.3.8 漢堡式選單

礙於整體視覺的呈現觀感，有些網站會選擇把主選單隱藏，改成當點擊或懸浮停在某個元素（漢堡圖示）上，才會開啟選單，藉此維持整體畫面的整潔與強調內容之功能性。

◆ http://www.hugeinc.com/

1.3.9 超級大的字型

有些設計師會跳脫平淡的做法，嘗試將字形做不同的編排及風格，使用較大的標題來排版，呈現簡單、有力的效果。

◆ http://www.degordian.com/index/

1.3.10　幽靈按鈕

將按鈕透明化，僅以能夠識別的超細邊框，包裹無襯線字型。一方面減少按鈕與背景的突兀感，一方面依然有清楚的指向。

◆ http://grovemade.com/

Note

CHAPTER
02

響應式網頁的
主要概念

響應式網頁的概念是基於利用媒體查詢來檢測出螢幕的尺寸，並依據尺寸結果自動進行流動網格、彈性圖片和字體大小等樣式的調整，以呈現出一個最佳的畫面。

其核心的三個概念為 1. 媒體查詢（Media Queries）、2. 流動網格（Fluid Grid）、3. 彈性內容，如彈性圖片（Fluid Images）。原本三者皆是既有的技術且各自運用，但在響應式設計過程中，這些概念具有廣泛意義，主要核心說明如下：

2.1 Viewport 標籤

viewport 是 HTML 的一種 META 標籤，使用上如下列語法所示：

```
<meta name="viewport" content="width=device-width, initial-scale=1,
maximum-scale=1">
```

viewport 的作用是告訴瀏覽器目前載具的寬度與高度，使網頁在縮放時有個基準比例，更準確的來說是「使用 viewport 標籤來控制頁面縮放，控制頁面在載具上的縮放初始值和被訪客縮放的上、下限制值」。

若網頁中少了此段語法，即使響應式網頁做的多漂亮多豐富，在行動載具中的網頁還是會以高解析度的模式來呈現，此時得透過手指進行放大與縮小來瀏覽網頁。

2.1.1 使用方式與說明

在建置響應式網頁的第一步，必須先在 HTML 開始的地方加入 viewport 語法，語法說明如下：

```
<meta name="viewport" content="width=device-width, initial-scale=1.0,
minimum-scale=0.8, maximum-scale=2.0, user-scalable=no">
```

> width：使用 device-width（載具寬度）作為可視區域的寬度。

> initial-scale：初始的比例，用 1 表示 100%，範圍從 0.1 ～ 1 可任填。

> minimum-scale：最小可以縮放到 0.8 比例。

> maximum-scale：最大可以縮放到 2.0 比例。

> user-scalable：是否允許使用者進行縮放，no 不允許；yes 允許。

◆ 加入 Viewport 標籤後，在不同寬度的瀏覽器中所呈現的效果

2.2 媒體查詢 Media Queries

響應式網頁設計的主要核心技術之一「Media Query」，簡單來說就是讓不同載具尺寸去套用符合該尺寸的 CSS 內容，而尺寸又稱之為「斷點」。最早的斷點定義要能代表手機、平板、電腦三種載具。至今，有時網站在斷點的定義上會根據網站的類型或使用情況來加以制訂，甚至會考量到特定的機種或主流手機尺寸，此時較特殊的載具尺寸就不在考量範圍內。

早期網頁斷點的方案是使用一些固定的寬度進行劃分，如 320 px（iPhone）、768 px（iPad）、960 px 或 1024 px（傳統 PC 瀏覽器），這種方案的好處是可以讓當前的主流設備完美顯示該網頁，但是技術發展來得太快，各種不同螢幕尺寸的設備推陳出新，比如一些手機尺寸接近平板、一些平板尺寸比電腦更大等，使用早期的斷點已經很難保證能符合各種載具。

◆ 不同尺寸的網頁呈現，引用來源：https://www.jisc.ac.uk/

在斷點制訂的最佳做法為，先從較小載具開始選擇主要斷點，逐漸處理較大的
載具；先設計符合小螢幕的內容，接著將螢幕放大，等到畫面開始走樣跑版
時，再設置斷點。如此一來，即可根據內容將斷點最佳化。

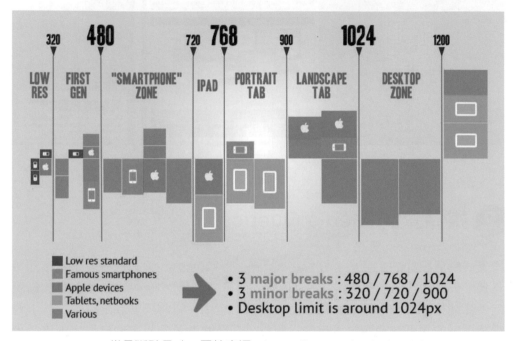

◆ 常見斷點尺寸，圖片來源：https://responsivedesign.is/

2.2.1 使用方法

Media Query 的使用方式有三種，使用方式如下：

1. 在 HTML 文件中，當螢幕寬度介於 320px ～ 768px 尺寸之間時則會載入
   style.css 文件，此做法會在 HTML 文件中撰寫數組斷點以載入對應的 CSS
   文件，語法如下。

```
<link rel="stylesheet" type="text/css" media="screen and (min-width: 320
px) and (max-width:768px)" href="style.css">
```

2. 在 CSS 文件中，利用 @media 條件來判斷當螢幕寬度介於 320px ～ 768px
   尺寸之間所會套用樣式設定，語法如下。

```
@media screen and (min-width: 320px) and (max-width: 768px) { CSS 樣式 }
```

3. 在 CSS 文件中，使用 @import 來載入介於 320px ～ 768px 尺寸之間的外
   部 style.css 文件，語法如下。

```
@import "style.css" screen and (min-width: 320px) and (max-width: 768px)
```

上述三種方式中，第 2 種是最常使用的處理方式，將需要調整的內容樣式直接
在同份 CSS 文件中進行撰寫，對於專案管理以及維護等動作都較容易，也不會
因為太多檔案而搞混。

2.2.2 設定方式

Media Queries 語法需針對三部分來做設定，分別是：1. 媒體類型（mediatype）、
2. 判斷條件（and|not|only）與 3. 媒體特徵（media feature）。介紹如下：

```
@media mediatype and (media feature) { CSS 樣式 ; }
```

（1）媒體類型 Media Type

媒體類型（Media Type）是用以指定套用的對象，響應式網頁一般都是根據螢
幕（screen）大小來調整版面，其餘媒體類型屬性如表所示：

Media Type	說明
all	所有可適用的裝置
print	印表機列印輸出
braille	盲人點字器
embossed	盲人點字印表機
screen	電腦螢幕與行動載具螢幕
handheld	手機 / 平板行動載具
tv	電視
projection	投影機
speech	朗讀式裝置

（2）判斷條件

Media Queries 語法中可加入「and」、「not」、「only」來進行條件上的判斷，說明如下。

◇ and 使用方法

➤ 方法一：單一條件成立。

```
@media screen and (min-width: 600px) {
CSS 樣式
}
```

▲ 語法說明：若螢幕寬度大於 600 px (含)，則套用此 CSS 樣式。

➤ 方法二：同時符合兩種條件。

```
@media screen and (min-width: 600px) and (max-width: 800px) {
  CSS 樣式
}
```

▲ 語法說明：若螢幕寬度介於 600 px ～ 800px 之間，則套用此 CSS 樣式。

➤ 方法三：兩種條件，符合一種即可。

```
@media screen and (color), projection and (color) {
  CSS 樣式
}
```

▲ 語法說明：當載具是螢幕或彩色投影機時，則套用此 CSS 樣式。

◇ not 使用方法

not 是用來排除某些設備的樣式，假設您希望該樣式只在 A 設備有作用，B 設備完全沒作用，就可以使用 not。

```
@media not screen and (color), print and (color) {
  CSS 樣式
}
```

▲ 語法說明：螢幕不會套用 CSS 樣式，印表機則會套用 CSS 樣式。

◇ only 使用方法

有的瀏覽器並不支援 Media Queries，但支援 Media Type，此時可用 only 來阻隔這些瀏覽器。

```
<link rel="stylesheet" type="text/css" href="style.css" media="only
screen and (color)">
```

➤ 語法說明：

1. 支援 Media Queries & Media Type 的瀏覽器：如果裝置是 screen 則會讀取 style.css。

2. 不支援 Media Queries，但支援 Media Type 的瀏覽器，因為有寫 only 條件，故不會往下讀取 screen，因此不會執行 style.css。

3. 不支援 Media Queries & Media Type 的瀏覽器：無論是否有 only，皆不會執行 style.css。

2.2.3 媒體特徵 Media Feature

Media Queries 語法中，媒體特徵屬性可設定的內容如表所示：

屬性	說明
width、min-width、max-width	寬度、最小寬度、最大寬度
height、min-height、max-height	高度、最小高度、最大高度
device-width、min-device-width、max-device-width	載具寬度、載具最小寬度、載具最大寬度
device-height、min-device-height、max-device-height	載具高度、載具最小高度、載具最大高度
orientation (value: portrait、landscape)	載具旋轉方向值：縱向、橫向
aspect-ratio、min-aspect-ratio、max-aspect-ratio	螢幕顯示比例、螢幕顯示最小比例、螢幕顯示最大比例
device-aspect-ratio、min-device-aspect-ratio、max-device-aspect-ratio	載具顯示比例、載具顯示最小比例、載具顯示最大比例
resolution、min-resolution、max-resolution	解析度、最小解析度、最大解析度

流動網格 Fluid Grid

響應式網頁的佈局已不再像以往網頁採取固定式欄寬的方式，而是改以如同平面設計師所採用的網格取而代之，以及將寬度單位改為百分比 (%)，藉此使佈局更具有彈性。

流動網格較常被稱為網格系統。網頁中的網格主要是由欄（column）與間隙（gutter）所組成，如 Bootstrap 的網格系統就是將寬度切成 12 格欄位，利用不同欄位數的組合進行排版，最後所有的欄、間隙與留白的寬度加總起來要等於頁面的總寬度。

利用網格的好處是，網頁會自動依載具尺寸來彈性調整工程師所設定的欄位數，進而重新調整內容的排版，藉此節省工程師自行定義在不同尺寸時的佈局結果。

彈性圖片 Fluid Image

早期單一尺寸的網頁設計，圖片均會設定寬度與高度。但在響應式概念中，圖片是要根據父容器的尺寸來自動進行縮放調整，如此圖片才能靈活的去適應整體的佈局變化。彈性圖片與流動網格的理念相同，主要把原本的 px 單位換成百分比 (%)，基本上就能達到依畫面尺寸縮放的效果。針對網頁中其他元素，如表格或影片等，均是採用此概念來達成彈性的效果。

在響應式網頁中，透過 CSS 樣式來將 <img> 標籤的 width 或 height 其中一個尺寸設為 %，另一個設為 auto 即可達到響應式的效果，參考語法如下：

```
img{
  width: 100%;
  height: auto;
}
```

◆ 使 img 標籤內的圖片，具有彈性效果

網站開發流程

在團隊中不同技術專長的人要能彼此配合,必須建立在良好的溝通品質之上。因企劃、設計、程式這三個領域的工作是息息相關,唯有良好的溝通與協調才能順利完成一項專案,且溝通的品質也間接地影響到最終成品的優劣。下列將以網站專案的製作流程,以及相關人員該負責的工作項目進行說明。

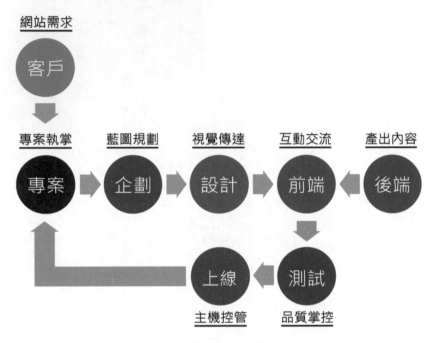

◆ 網頁專案流程

3.1 專案

專案經理 Project Manager(PM)。負責與客戶洽談網頁的相關事宜,待專案成立後負責控管團隊的專案進度與排除客戶疑問,是設計師與客戶間完美的溝通橋樑,也是統籌整個專案與進度的角色。

在著手一個新的網站專案時,最常碰到的狀況是客戶不知道該如何規劃和撰寫網站的內容,此時可建議客戶重新思考下列幾個問題:

1. 網站的目標客戶是誰?

2. 您的客戶是如何認知您的產品和服務?

3. 網站希望達到的目標為何?

網站在建置過程中需注意的地方非常多，若客戶一開始的需求不夠明確，就很容易在製作過程中產生不斷修改的問題，在不斷修改的過程中則會造成溝通成本、製作成本以及時間成本的相對提高。

◇ 工作項目

1. 網站規劃與報價確認：逐條確認網站規劃書與報價等內容，網站規劃書必須載明製作規格與工作範疇等項目內容。

2. 雙方簽約：由乙方（公司）準備裝訂完成的合約書（一式兩份）與用印，連同第一期款發票寄出。甲方（客戶）收到合約後用印後寄回，並支付第一期款項。

3.2 企劃

企劃 Planner。從專案經理中了解客戶的需求與期許後，著手構思網站目標、分析現況、歸納方向以及判斷各種可行性，並與各部門進行相關議題討論，直到擬訂策略、實施方案、追蹤成效與評估成果後，使整理出一份網站規劃書。

◇ 工作項目

1. 了解客戶需求：分析與理解客戶提出初步的網站設計需求、網站架構表、功能需求及相關網站風格參考。

2. 提供文件：依據分析整理與討論後的結果製成網站規劃書以及報價單等內容。網站規劃書應盡可能涵蓋各方面，其網站規劃包含的內容如下：

　　一、建置網站前的市場分析。

　　二、建置網站目的及功能定位。

　　三、網站技術解決方案。

　　四、網站內容規劃。

　　五、整體視覺設計。

　　六、網站維護與網站內容更新。

七、網站發佈前測試與調整修正。

八、網站優化與網站發佈推廣。

九、網站建置工作日程表。

十、網站建置費用明細。

以上為網站規劃書中應呈現的主要項目，根據不同的需求和建置目的，再對項目進行增減。在建置網站之初，一定要進行細膩與詳細的規劃，盡可能避免各種不確定因素的發生，才能如期完成專案與滿足客戶需求。

3.3 設計

視覺設計 Visual Designer（VD）。待合約正式成立後，依照規劃書的需求著手進行介面、視覺風格、色彩配置與心理分析等設計。設計師除了要能夠了解客戶的行業別，也要能夠了解客戶製作網頁的主要用意，藉此設計出符合需求的頁面。

◇ 工作項目

1. 網站風格討論：進一步討論網站視覺風格以及網站是否需依循客戶的 CIS（企業識別系統）或 VI（視覺識別）進行延伸設計。若無視覺系統，可與客戶共同討論網站所使用的色彩與設計元素等。

2. 首頁版型設計：此階段依所討論的各種設計需求進行首頁提案，完成後針對首頁設計稿與客戶討論、調整及定稿。

3. 圖文資料：由客戶提供內頁所需圖片與文字，供首頁與內頁版面設計時使用。設計師需思考如何將客戶所提供的資料進行編排與設計，使網頁整體瀏覽動線是流暢的。

4. 內頁版型設計：以定稿後的首頁版型設計為基底進行內頁編排設計。

3.4 前端

前端工程師 Front-End Engineer（F2E）。主要工作則是讓網站動起來，同時前端工程師必須與設計師和用戶體驗分析師合作，把草圖和原型製作成成品。有時前端工程師還可從實作中發現問題，以提出建議和解決方案來加強用戶體驗。

有些公司會將前端工程師負責的工作項目區分成兩種，一種是視覺工程師，主要負責將設計師所設計的網頁進行切版，最終提供靜態的 HTML 與 CSS 文件；另一種則為前端工程師，除了切版的工作外還需在靜態的網頁中，依據設計需求來添加互動效果，以及與後端工程師所撰寫的內容進行串接整合，最終要確保網頁程式的正確性與順暢度。

◇ 工作項目

1. 切版：接收視覺設計師所裁切後的各種素材，利用 HTML + CSS 技術並依據網頁設計稿進行組裝與美化動作。

2. 效果製作：如 Slider（圖片輪播）、Accordion（收合式選單）等互動功能。

3. 細部微調：當加上各種互動效果後難免會遇上跑版或尺寸不合等問題，這時需進行細部調整動作，如圖片與文字尺寸調整、文字的間距與行距調整及網頁圖文內容修訂等。

4. 加入圖文內容：在頁面中加入客戶所提供的圖文內容後，檢查內容在不同尺寸中是否會造成跑版、字距行間是否容易閱讀、以及資料是否按照既定的規則顯示。

補充說明

「切版」需具有一定的技巧與專業知識，例如在 HTML 文件中佈局架構是否最佳化、CSS 的命名是否有意義、CSS 樣式內容是否有冗綴的寫法、CSS 的後續維護與更新問題、不同瀏覽器間的樣式支援度以及跨平台時的樣式與排版等，都是在此階段就要解決的項目。

3.5 後端

後端工程師 Back-End Engineer（B2E），主要負責建置網站地基的工作。網頁的後端包括伺服器以及資料庫的設定等，同時需撰寫 API 內容讓前端工程師進行連接，或是將網頁內容改寫成與資料庫連接。

◇ 工作項目

1. 資料庫建置：依據往後客戶可自行維護的內容與需要寫入的資料，在資料庫中開出相對應功能的欄位。

2. 後台管理系統：製作與資料庫連接的管理頁面，讓客戶可直接從網頁登入，進行頁面資料的新增、刪除、查詢與修改動作，而非修改程式碼與資料庫內容。

3. 與資料庫內容連接：網頁中有些內容的呈現是需從資料庫讀取後進而呈現。例如 Slider（圖片輪播）效果，客戶可直接從管理頁面進行圖片替換，而前台必須撰寫切換效果以及從資料庫抓取指定圖片並秀出結果，類似的內容就須由後端與前端工程師進行配合。

3.6 測試

品質保證工程師 Quality Assurance（QA）。待整體網站製作完畢後，根據網站規劃書中的需求項目，逐項檢查內容與功能，藉此建立和維持質量管理體系來確保網站質量。

◇ 工作項目

1. 初步校稿：內部先進行校稿後，再交由客戶瀏覽網站進行網頁內容校稿，並提列問題清單。

2. 登入測試：客戶登入後台後嘗試進行相關頁面的圖文修正，並提列問題清單。

3. 網頁修正：根據客戶提列的問題清單進行更正。

3.7 上線

將通過測試與校稿的網站進行上線，使民眾可進行搜尋與瀏覽。

◇ 工作項目

1. 上線前置作業：準備 DNS 資料、網址與新主機環境檢查測試。

2. 網站上線：網站轉移至正式主機，待 DNS 指向生效後網站即正式上線。一般而言，DNS 指向需 24 ～ 72 小時。網站上線後需再次進行網站各頁面與功能的檢核。如：聯絡表單發信測試、網頁目錄安全性設定與頁面呈現等。

3. 整合 Google 分析：整合 Google 網頁分析平台（Google Analytics，簡稱 GA），客戶可透過 GA 了解網站每日訪客數、所使用的搜尋關鍵字與客戶來源地區等訪客資訊，協助客戶用來調整網站經營策略。

4. 教育訓練（網站交接）：公司會派專人為客戶說明網站的各項操作。同時提供操作手冊與網站後台登入資料，供客戶日後可自主進行網站維護。

Note

行動載具優先

4.1 說明

行動載具優先（Mobile First）是一個概念，意指規劃與設計網站時要優先考量行動載具的各項特性，但在網站建置時並沒有強制要先從行動載具開始製作。本書中所使用的 Bootstrap 框架，則是以行動載具為優先。

Luke Wroblewski1 在其著作「Mobile First」中提到：

談到行動載具的操作，遵循適當的原則如：標籤要清晰、選單寬度要足夠與按鈕範圍等條件，這些條件對訪客而言是相當重要的。要建立良好的行動載具操作體驗，須注意下列幾點：

1. 要符合使用者使用行動載具的操作方式與動機。

2. 明確的內容比設計齊全的導覽功能更重要。

3. 提供設計良好的導覽選單，方便使用者瀏覽或深入閱讀內容。

4. 頁面設計需簡單與明確。

5. 操作上要符合行動載具的特性。

若直接將電腦版網頁移植成行動版網頁並無任何意義，易讓訪客獲得極差的瀏覽體驗。因此，設計師需要考量行動載具的特性，並善用這些特性來滿足訪客在行動載具上的瀏覽需求。

從多數的響應式網頁案例中可發現，其網站都導入行動載具優先（Mobile First）的概念。採取行動載具優先的主要原因為，若採取以電腦優先的流程時，開發過程中需面臨各項設定必須不斷降級、版面調整以及互動功能刪除等；反之以手機優先的流程時，則是由簡至繁，過程中能做出逐漸加強介面功能與版面佈局安排等，利於製作出絕佳的網頁。

以下圖為例，若由大螢幕開始做處理（手機最後），那麼在逐漸縮小的過程中就必須要考量到圖片是否會因為排版或父容器的尺寸改變等因素造成圖片被裁切；反之，若是由小螢幕到大螢幕（手機優先）的過程，只須讓圖片依照父容器的寬度進行彈性調整即可。

手機優先

電腦優先

因響應式網頁所造成的設計思維轉變，讓視覺設計師與前端工程師無法再像傳統設計思維，執著於固定的網頁佈局、框線、文字與圖像等設定，而是應該考量如何讓各種內容賦予彈性，使內容能依載具尺寸而自動調整，同時也須在不同載具的瀏覽動線與版面安排上多加著墨。

在網站初期的規劃中，視覺設計師與前端工程師之間對於響應式網頁的概念須達到一致，且在溝通過程中提出自己領域的見解，從中找出設計與程式處理上的最佳解決方案。

響應式與傳統網站的流程差異

早期的網頁設計只需製作單一固定尺寸即可，與現今響應式規範相比之下顯得較單純。傳統與響應式兩種網站在製作流程上的差異如下圖：

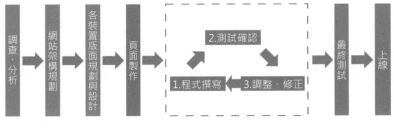

◆ 傳統與響應式網站的製作流程差異

兩者流程上最主要的差別說明如下：

1. 傳統網頁只要以單一尺寸進行製作即可，因此網站製作流程上較單純。

2. 響應式網頁在初期規劃時就必須先決定「斷點」尺寸，且不斷的在元素調整與瀏覽動線上作討論。進入程式撰寫流程時，前端工程師再根據斷點與瀏覽動線等規劃，進行語法上的調整，最終需在不同斷點尺寸上進行檢測，以查驗各種元素與內容是否以最佳狀態顯示。

 行動載具的操作特性

電腦與行動載具兩媒介除了在瀏覽畫面尺寸上不同外，最大的差異是操作習慣上的不同。因此在設計響應式網頁時須考量內容在不同媒介上的操作習性以及互動效果的呈現。以滑鼠滑入圖片時的特效為例，在電腦上可輕易呈現出滑鼠滑入圖片的效果，反之在行動載具上卻沒有滑入這動作，故行動載具中的操作習性如下：

> 可單指與多指進行「觸碰」。

> 多種手勢操作，如縮放或滑動等。

> 輸入文字時的虛擬鍵盤。

除了上述的操作習性外，在行動載具上的各種內容尺寸也是考量的重點，需注意的事項如下：

> 按鈕尺寸：電腦是使用滑鼠操作，即使按鈕不大也容易被點擊；反之在行動載具上是採用手指進行觸碰，為了能有效的觸碰到按鈕，Apple 公司建議 iOS App 開發者任何需要被點擊的 UI 尺寸，不要小於 44px x 44px 尺寸。

> 連結範圍：連結的方式除圖片按鈕外，文字也可作為一種連結方式。在行動載具中為了讓文字連結能有效的觸發，必須將文字連結的被點擊範圍擴大以利手指點擊。

> 觸發方式：無論是在按鈕、圖片或文字等內容的互動上，電腦與行動載具共有的觸發方式是按下與放開，因此若要採用滑入與滑出兩種觸發方式時，在行動載具中須改以替代的方式處理。在行動載具中，觸碰具有同時點擊與滑入兩種行為。

➤ 檔案大小：除了電腦與行動載具的運算效能不一樣外，網路品質也是需考量的因素，假設一張 1 MB 的圖片在電腦上可能不到一秒就下載完畢；反之行動載具中還須考量到當下網路的連線品質，較差的情況下有可能花費 10 秒都不見得能把圖片下載完畢，因此檔案大小的最佳化處理也需特別注意。

➤ UI 設計：不同載具中的各種圖像設計必須考量到行動載具的畫面大小，因此同樣的圖像會設計好幾種的尺寸版本，再根據斷點的 CSS 樣式重新替換較大的圖像，或在 HTML 中直接判斷要讀取何種尺寸的圖像。

➤ UX 體驗：在行動載具中最需要注意的有兩點。

1. 版面配置所影響的瀏覽動線。

2. 連結按鈕位置，欠佳的版面配置與按鈕位置都會大幅降低訪客在網頁中的閱讀性與操作性。

4.4 優先專注「極端」尺寸

從最基本的「極端」載具尺寸做考量。載具則需考量當前常用的設備中最小與最大的尺寸，舉例如下：

➤ 智慧型手機（iPhone 12 Pro）：390 px X 844 px。

➤ 個人電腦：1920 px X 1080 px。

在小螢幕與大螢幕中可容許的呈現內容數量是完全不同的，因此在小螢幕中盡量呈現出最重要的資訊；反之大螢幕中則可呈現較完整與較多的資訊，甚至是分欄等佈局設計，不論小螢幕或大螢幕在資訊呈現上的方法為何，都須考量「易讀性」。

4.5 斷點的佈局

響應式網頁的特色就是彈性，因此在極端尺寸中，訪客大多時候所體驗到的頁面都屬於「中間型態」。此時在佈局設計上也須隨著螢幕尺寸而自動調整與改變。

在初期的設計規劃上勿以「假設」的方式做思考，而是可透過網頁原型設計等方式進行模擬與溝通，初期討論流程如下：

1. 手繪 Wireframe：確認資訊區塊與瀏覽動線。

2. 灰稿：確認資訊能明確表達，確認瀏覽動線。

3. Prototype：確認瀏覽動線與確認使用者體驗。

4. 精稿：確認品質、氛圍與資訊能被明確的表達。

\\\\\///
補充說明 //

網頁原型是一種低保真度的設計手法，運用文字線條和方塊把每個區域所要呈現的範圍標示出來，盡可能地減少視覺設計元素，把重心放在瀏覽動線、畫面安排以及介面操作上，有時候為了能更清楚區隔不同區域，也可以加上灰階色塊輔助視覺。

4.6 圖片格式

圖片會因為編碼（不同檔案格式）的關係，使相同的圖片產出不一樣的檔案大小，此點對於訪客瀏覽網頁時所下載的時間也不相同，可能會發生內容已經閱讀完畢但圖片還處於下載中。因此檔案格式是最容易讓視覺設計師與網頁工程師產生的溝通問題之一，目前常用的圖片格式有 PNG、GIF、JPEG 三種，現今還多了一種 SVG 格式，四種格式都有各自的優缺點，因此團隊間必須在格式的使用上達成共識。

4.7 模組化設計

設計師在設計網頁時盡可能將會重複使用到的內容採取相同的設計，如文字的大小、顏色或邊框樣式等，前端工程師會將此相同內容進行模組化製作。模組化的好處是可在不同載具間帶來相同的視覺效果與用戶體驗，且在開發或修改程式碼時也較為輕鬆。

CHAPTER

05

設計上的輔助

製作網格系統

網格系統其實是一種平面設計方法，藉由固定的格子切割版面來設計佈局。因此，在著手進行設計之前必須先導入網格系統，以作為在設計內容時的對齊與尺寸之依據。在此說明如何利用 Photoshop 與 Illustrator 兩軟體來建置網格，使設計師可於設計頁面時搭配使用，同時前端工程師也會依循此網格進行網頁切版。

5.1.1　PhotoShop

STEP 1　以 Photoshop CC 版本為例，新增一個寬 1200px X 高 1000px 的文件。

STEP 2　點擊「檢視 > 新增參考線」選項。

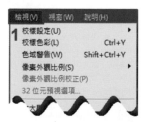

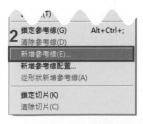

STEP 3 依照 Bootstrap 的 Grid System 進行參數設定。

1. 欄：勾選。

2. 頁碼：12，欄位數。

3. 裝訂邊：30，欄與欄之間的縫隙。

4. 邊界：勾選。

5. 左、右邊界：15 像素。

STEP 4 參考線製作完成。

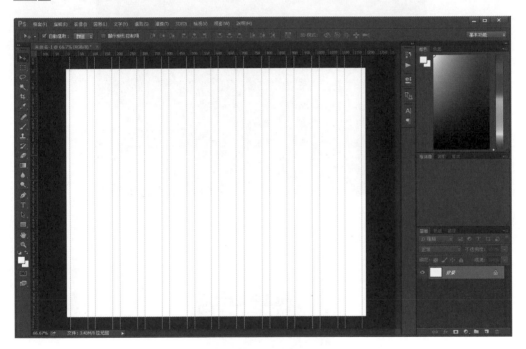

5.1.2 Illustrator

STEP 1 以 Illustrator CC 版本為例,新增一個寬 1200px X 高 1000px 的文件。

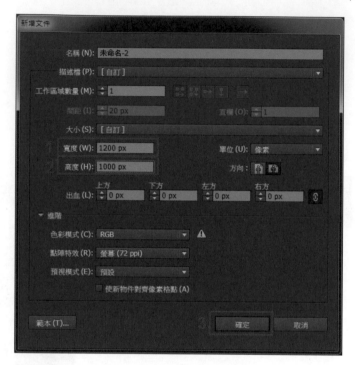

STEP 2 繪製一個寬度 1170px X 高度 1000px 的矩形。(1170px 為 1200px – 左右邊界各 15px)。

STEP 3 將矩形以對齊舞台的方式進行水平與靠上對齊。

STEP 4 選取繪製的矩形狀態下，點擊「物件 > 路徑 > 分割成網格」。

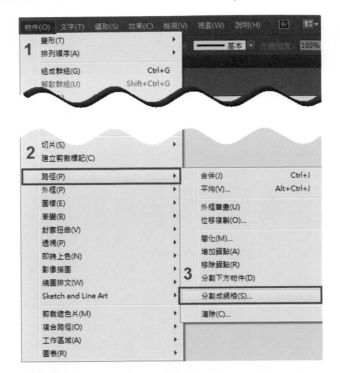

STEP 5 在分割成網格面板中的設定項目如下：

➤ 橫欄數量：1。

➤ 直欄數量：12，欄位數。

➤ 直欄間距：30，欄與欄之間的縫隙。

➤ 預視：勾選。

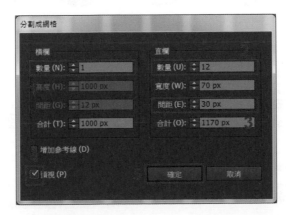

STEP 6　12 格欄位的網格已建立完成，接續要將網格轉換成參考線。

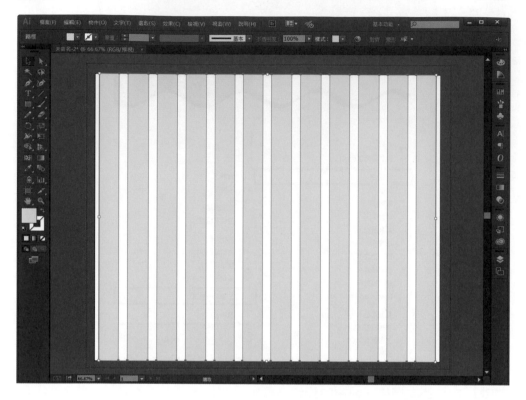

STEP 7　選取網格的狀態下，點擊「檢視 > 參考線 > 製作參考線」。

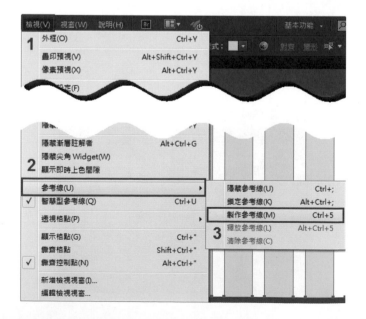

參考線製作完成。

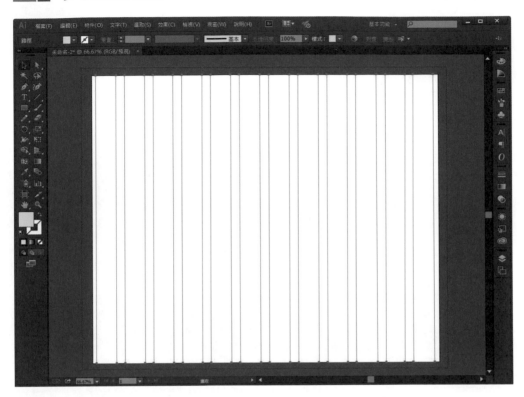

5.2 響應式圖片產生器

5.2.1 說明

圖片是網頁中最常使用到的資源之一，有時卻也是網頁最後一刻才出現的資源，其問題不外乎是圖片檔案過大導致下載過久，在手機中最常發生此問題。因此，在響應式網頁的時代，一張圖片往往都會處理成多種尺寸大小，藉由程式的判斷依據載具寬度或螢幕解析度，下載符合需求的圖片，如此才能有效的減少下載資源，使瀏覽的訪客能在第一時間查看到完整的網頁。

在此狀況下，若用 Photoshop 或 Illustrator 等軟體依照不同螢幕尺寸重新處理圖片則又過於費時。如今，可先製作一張最大尺寸的圖片後，利用線上的斷點圖片產生器，一次解決在不同斷點所需要的圖片。

5.2.2 操作方式

STEP 1 前往 Responsive Breakpoints 官方網站。

> 網址：http://www.responsivebreakpoints.com/

STEP 2 修改 Resolution 斷點範圍，將 TO 欄位修改為「1920」。下方的 Size step 與 Maximum images 兩設定保持不變。

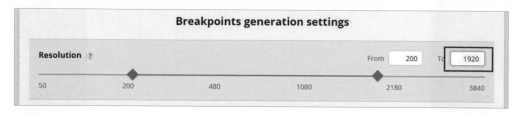

STEP 3 點擊「UPLOAD FILE」按鈕以開啟圖片上傳視窗。

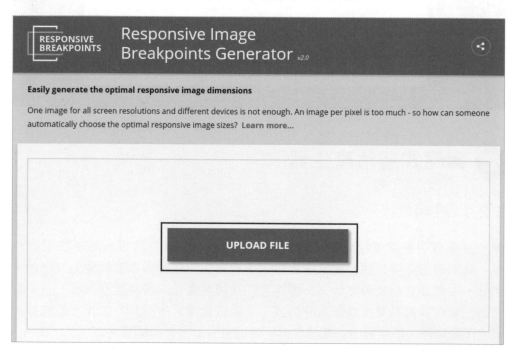

STEP 4 點擊「My files」選項表示要從電腦端上傳圖片,再點擊「Select File」按鈕來開啟檔案視窗,並選擇要進行處理的圖片。

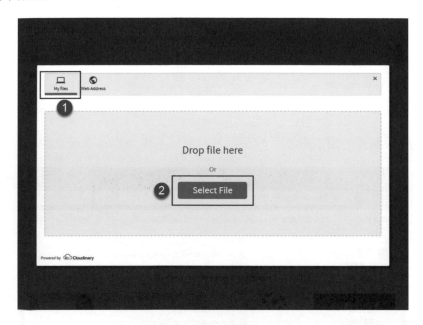

STEP 5 等待系統處理完畢後,網頁中首先看到的是所設定範圍中的不同解析度圖片,從中可得知圖片的寬高、檔案大小以及檢視圖片。

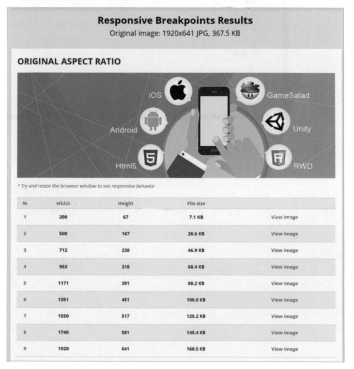

STEP 6 將網頁移到最下面，點擊「DOWNLOAD IMAGES」按鈕可一次將所有斷點的圖片進行下載。

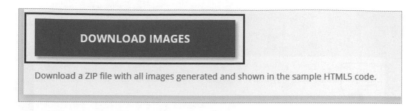

STEP 7 將下載後的壓縮檔進行解壓縮，可於檔名中識別不同尺寸的圖片。

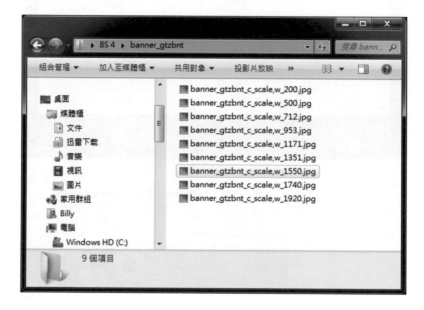

STEP 8 在網頁中也可於某斷點中點擊「View Image > 滑鼠右鍵 > 另存連結為」，來下載該斷點的圖片。

4	953	318	68.4 KB
5	1171	391	88.2 KB
6	1351	451	106.0 KB
7	1550	517	125.2 KB
8	1740	581	145.4 KB
9	1920	641	168.5 KB

5.3 載具尺寸參考

SCREEN SIZ.ES 網站提供了各種行動載具的螢幕尺寸。此表對設計師在定義 RWD 網頁斷點時有很大的幫助。

當中列出了目前坊間多數品牌的手機、平板與電腦螢幕等資訊,如系統、螢幕的寬度與高度、載具尺寸等。當點擊標題時還可進行遞增或遞減排序,方便查詢。

➤ 網址:http://screensiz.es

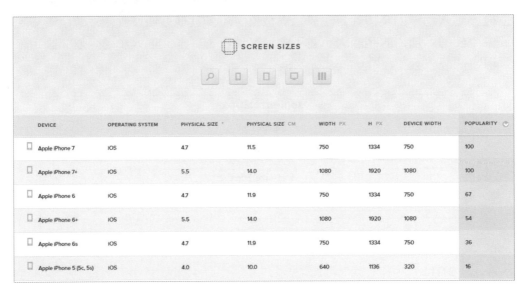

DEVICE	OPERATING SYSTEM	PHYSICAL SIZE *	PHYSICAL SIZE CM	WIDTH PX	H PX	DEVICE WIDTH	POPULARITY
Apple iPhone 7	iOS	4.7	11.5	750	1334	750	100
Apple iPhone 7+	iOS	5.5	14.0	1080	1920	1080	100
Apple iPhone 6	iOS	4.7	11.9	750	1334	750	67
Apple iPhone 6+	iOS	5.5	14.0	1080	1920	1080	54
Apple iPhone 6s	iOS	4.7	11.9	750	1334	750	36
Apple iPhone 5 (5c, 5s)	iOS	4.0	10.0	640	1136	320	16

5.4 網頁字級單位

以往在網頁中的字級單位較常使用 px,主要是電腦螢幕顯示的基本單位為像素(Pixel),因此工程師會常在網頁上直接明確定義字級為多少 px。

近來硬體的蓬勃發展,使得瀏覽網頁的解析度規格越來越多樣化,以往採用的 px 單位已經不再全部適用,反而開始改用另一種彈性較大的字級單位 em。

em 原本是印刷上用來衡量字體大小的單位，一般都以 16 px 作為 1 em。相較於 px，em 的使用彈性雖大，卻有個使用上的問題，其問題是 em 字級大小會隨著巢狀層級而疊加，使得字級變得越來越不受控制。

為了改善 em 疊加問題，CSS 3 推出了新的字級單位 rem，字面的意思為「root em」。簡單來說，會先在 html 中宣告一個基礎的文字大小，就不會產生疊加的問題，不過 rem 單位不支援 IE8 以前的瀏覽器。三種字級單位的說明如下：

5.4.1　px

使用 px 作為網頁的字級單位，除了能與設計稿中的字級保有精準度外，使用上也較容易入門。因其特性是屬於絕對數值，不受其他層級或外圍單位所影響。圖中，任何區塊內的字級大小並不會受其他所影響，文字大小還是依據設定來呈現。

```
font-size:20px
    font-size:12px
    font-size:14px
    font-size:16px
    font-size:18px
```

5.4.2　em

em 是相對的數值單位，會受到外圍的文字大小所影響，而 1em 即是 1 倍的文字大小，1.4em 也就是 1.4 倍的文字大小。

因此，em 的文字大小基準取決於父階層的文字大小。此單位建議運用在限制性的範圍中，如 Bootstrap Card 元件，可從父階層改變 em 的字級後，直接影響卡片內的各種文字大小。

圖中，如果父階層是以 16px 為主，內層的文字第一層 1em 等同於 16px，後續依比例放大。

| font-size:16px |
| font-size:1em |
| font-size:1.2em |
| font-size:1.4em |
| font-size:2em |

另一種方式是，當最外層的字級單位從 px 改為 em 時，內層的 1em 大小等同於父階層 1.2em，隨後逐漸放大。在最後的區塊內建置一個巢狀層級，文字就會以 1.4 * 1.4 的倍數放大，這是 em 相對比例單位的特性，此特性既是優點也是缺點，當工程師無法掌握此特性時，就容易使文字大小失控。

| font-size:1.2em |
| font-size:1em |
| font-size:1.2em |
| font-size:1.4em |
| font-size:1.4em |
| font-size:1em |
| font-size:1.4em |

5.4.3 rem

rem 也是屬於相對的數值單位，和 em 使用方法接近，差別是 rem 的文字基準取決於最外層的 html 文字大小，適合用在整體網頁的尺寸大小切換，以 RWD 響應式網頁來說，可以依據不同的尺寸統一切換整體網頁的文字大小。下頁圖中，html 的文字大小是 16px，rem 的尺寸則以 16px 作為基準，故下方的 1rem 會與 16px 相同尺寸。所以無論父階層是否有其他文字大小，甚至使用不同字級單位，均不會影響 rem 的尺寸，唯一會影響 rem 比例的只有當 html 的文字大小改變時。

font-size:1.4em

font-size:1rem

font-size:16px

font-size:1.2rem

font-size:1.4rem

font-size:1.4em

補充說明

在 Bootstrap 中，許多元件都是以 rem 作為單位，且基礎的字級大小為 16px。

設計師與工程師的彼此認知

在網站初期規劃的溝通討論上，企劃、設計師與工程師有時會發生意見不合的情況，通常問題會是設計師想要呈現豐富且華麗的效果，但這效果對於工程師而言，有可能是做不出來或者是要花上數倍時間製作，而忽略了專案的時間成本，造成意見不合的原因往往都是雙方不瞭解彼此專業的知識，才會造成溝通與觀念上的隔閡。

藉此，設計師可嘗試理解網頁開發流程外，還可思考哪些功能是否有迫切的需要，以及哪些效果可使用程式處理（如圓角、陰影等）而減少圖片素材數量；反之，工程師在網站設計溝通上，初期可參與設計部門的討論，用直接的語句來評估設計師們所提出各種效果的可行性，藉此使設計師們有個明確的設計方向外，也可當下評估效果的開發時程，以避免提出天馬行空的想法。

透過多方彼此妥善的溝通與專業上的搭配，使專案在配合上更為順利。下列將列出視覺設計與網站製作上的相關知識供參考。

6.1 網頁與印刷的差異

網頁設計和平面設計有許多重疊的地方，以目前大專院校的多媒體或視覺傳達相關科系而言，除了平面設計課程之外還會安排網頁設計的課程，這也是為何不少網頁設計師對於網頁設計與平面設計都有頗為深入的了解。一般而言，兩者的知識結構應包含下列內容。

◇ 色彩

色彩是網頁設計的核心，因為它是快速有效構建主題和樣式的基礎。色彩和心理學關係緊密，合理的運用可以提高訪客對網站的印象，讓訪客流連忘返。

◇ 軌跡

軌跡指的是瀏覽網頁時的視覺運動軌跡。要掌控用戶的瀏覽軌跡，需要懂得正確使用色彩、層次結構、深度、形狀和線條等方法，以及明白透視法、空間和方向等運用。

◇ 平衡和比例

平衡是指視覺上的穩定性；比例是指對稱和非對稱的使用技巧，當在進行網頁視覺設計時，此兩項的掌握與拿捏顯得格外重要。

◇ 間距

指一個元素和另一個元素之間的距離。較大的間隙能讓佈局顯得大氣並具有呼吸感；較窄的間隙能讓內容更加靠近而易呈現出關聯性，擁有較佳的閱讀體驗。

就以平面設計與網頁設計兩種領域來說，在所具備的專業知識、使用軟體、單位尺寸與色彩模式等各方面皆有不同之處，兩領域之間的差異彙整如下表。

	網頁設計	平面設計
基礎概念	設計基礎、色彩學、排版	
技術認知	HTML、CSS、JavaScript、其他	印刷相關知識、造形原理、其他
使用軟體	1. Illustrator（向量繪圖） 2. Photoshop（影像處理） 3. Visual Code（網頁開發）	1. InDesign（書籍排版） 2. Illustrator（向量繪圖） 3. Photoshop（影像處理） 4. CoreDraw（向量繪圖）
圖檔規格	1. 色彩模式：RGB 2. 解析度：72dpi 3. 圖檔格式：jpg、gif、png、svg	1. 色彩模式：CMYK 2. 解析度：300dpi 3. 圖檔格式：jpg、tiff、psd、eps、ai 等
色彩編碼	如：#FF0000	如：C:50、M:50、Y:10、K:40
字型	1. 純文字：新細明體、標楷體、微軟正黑體 2. 將文字做成圖片：不限字型	不限字型

	網頁設計	平面設計
專業知識	1. HTML 標籤、語法 2. 切版（DIV+CSS） 3. Git 版本控管 4. 任務管理工具（Webpack、Gulp、其他） 5. DNS 網域 6. 程式語言 7. 資料庫 8. 伺服器	1. 印刷 2. 拼版 3. 書籍裝訂 4. 印刷加工
設計重點	1. 介面 UI 設計 2. 版面與瀏覽動線配置 3. 互動效果設計 4. 資訊設計 5. 使用者體驗	1. 圖文排版 2. 使用性設計 3. 資訊設計
問題之處	每台電腦螢幕與不同瀏覽器均有色差	每台印刷機器與不同的印刷方式，其輸出後的顏色均有色差

參考來源：http://www.cadiis.com.tw/lessons-learned/509-differences-between-web-design-and-graphic-design

6.2 網頁向量格式 SVG

在瀏覽網頁時，有時會發現某些 icon 圖片產生失真模糊，此問題的解決辦法通常都是利用電腦版的大圖並透過 CSS 語法進行縮減處理。如今，另種最佳的解決辦法則是採用 SVG 格式的向量圖形，關於 SVG 的說明如下：

6.2.1 SVG 簡介

名為縮放向量圖形（Scalable Vector Graphics，簡稱 SVG）是 W3C 所制定的
開放性網路標準格式之一。它是以可擴充套件標記語言（XML）來描述 2D 圖
形的一種圖形格式，也可以作動態效果與提供互動功能。SVG 的獨特性在於它
可以搭配使用 CSS、Script 腳本和 DOM，若想要修改 SVG 的圖像色彩及其他
視覺的表現可透過 CSS 來重新設計。

SVG 格式的優勢為在網頁中以向量格式顯示，如：矩形、圓形、橢圓形、多
邊形、直線、任意曲線等。SVG 的製作上可在 Illustrator 將 AI 檔直接轉存成
SVG 檔案，如同使用 JPG、GIF、PNG 等點陣圖的方式運用在網頁上，此做法
可讓圖形不會因為瀏覽尺寸的改變而失真。

下圖中展示了點陣圖與向量圖的區別。因點陣圖是由像素所構成，故放大後會
呈現模糊；反之 SVG 屬於向量格式，是由形狀所構成，因此無論如何的放大與
縮小，都不會發生模糊的問題。

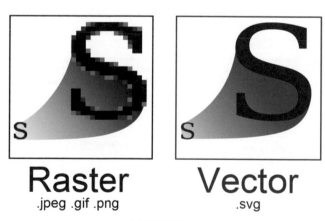

◆ 點陣圖與 SVG

6.2.2 網頁設計上採用 SVG 的優點

1. 屬於開源前端技術，就如 HTML、CSS 一樣，可以讀取程式碼。

2. SVG 可被搜尋。SVG 以 XML 寫成，而搜索引擎可以讀取 XML 內容。

3. 適用於行動載具。

4. SVG 有向量圖形的優點，如保持圖像清晰度，不會因放大與縮小而有所失真，也不會大幅增加檔案的大小。

5. 製作方便，可用 Illustrator 繪製圖檔後直接轉存成 SVG 格式。

6.3 統一的命名規則

一個好的 SEO（搜尋引擎優化）網站在很多細節層面均要遵守相關規範。最基本的就是命名的規則，如網頁檔名、資料夾檔名、圖片檔名與 DIV + CSS 命名等。名稱的統一除了可以改善優化效果外，一致性的命名規則也可在團隊合作時有效提升工作效率。

6.3.1 DIV 與 CSS 命名

下表為常見的 DIV + CSS 命名規則，有助於設計師與工程師在溝通時的用詞統一。

◇ 頁面框架結構

中文	英文	說明
整體寬度	wrap/wrapper	至於所有內容的最外層，以控制整體佈局寬度
頁首	header	網頁的頂端
主要內容	main/content/container	主體內容
左側	main-left	左側佈局
右側	main-right	右側佈局
中間	main-center	中間佈局
導覽列	nav/navigation	網頁選單
頁腳	footer	網頁的底端

◇ 導覽列

中文	英文
導覽	nav
主導覽	mainnav
子導覽	subnav
頂端導覽	topnav
側邊導覽	sidebar
左邊導覽	left-sidebar
右邊導覽	right-sidebar
選單	menu
子選單	submenu
國別	country
語言	language

◇ 其他

中文	英文
標誌	logo
廣告	banner
登錄	login
登錄條	loginbar
註冊	regsiter
搜尋	search
標題	title
加入	joinus
狀態	status

中文	英文
按鈕	btn
滾動	scroll
標籤頁	tab
文章列表	list
提示信息	msg
當前的	current
小技巧	tips
圖示	icon
註釋	note
指南	guild
服務	service
熱點	hot
新聞	news
下載	download
投票	vote
合作夥伴	partner
友情連結	friend-link、links
版權所有	copyright
網站地圖	sitemap
返回頁首	goto-top

6.3.2 網頁檔案命名

網頁檔案命名是一個最基礎且簡單的優化方式。賦予網頁包括關鍵字的檔案名稱，也能幫助搜尋引擎判斷一個網頁的主題為何。

在網頁的命名上並非為了方便管理而隨意命名，如 100.html 或 aa.html 等無意義的名稱。網頁的檔案名稱需以最簡短的名稱呈現出清晰的含義，且名稱盡量以英文單詞為主，切記勿使用中文命名。同時也建議採用 SEO 關鍵字來命名網頁，使搜尋引擎能了解此網頁是屬於何種內容的頁面，再加上網頁內的優化處理，搜尋引擎就更加清楚了解網頁的內容。

同時，需要注意的是，如果網頁命名含有連接符號的時候，需採用「橫線（減號）」而非「底線」來連接關鍵字，如 news-cont。網頁命名規則説明如下：

1. 若檔案名稱為複數單詞組成，則採用橫線進行區隔，如公司簡介（複數）：about-us。

2. 若名稱是利用數字編號來區分數個檔案時，則第一個名稱中的數字編號必須忽略。如：about、about2、about3。

3. 命名的詞彙組合順序為「專案 / 類型單詞 + 功能性單詞 + 用途單詞 / 編號」，如 product-add3，product 為產品類型，add 表示此頁面的功能為增加，3 為數字編號。

6.3.3 資料夾命名

一個專案中會依據不同的用途，以相對應的資料夾做歸納整理，在對應的資料夾內還可依照需求或功能再以資料夾作區分。常見的資料夾名稱如下：

1. CSS：放置 CSS 樣式表檔案，CSS 檔案名稱可參照前述的 DIV + CSS 命名規則進行命名。

2. js：放置與 JavaScript 腳本相關檔案。

3. images 或 img：放置網頁所使用到的圖片。以產品的圖片檔案為例，若只是少量圖片時則可將圖片歸納在 images 資料夾中即可；反之若圖片的數量是不斷增加的，如購物車的賣家商品，為了後續的維護方便建議以「類別 + 賣家帳號」來進行劃分。如 images/product（賣家商品）/abc（賣家帳號）。

4. lib：放置網頁中所引用的外部插件檔案，此目的是為了往後更新插件時，不會與自行撰寫的 CSS 或 js 內容搞混。

6.3.4 圖片命名

圖片命名與網頁檔案命名是雷同的，説明如下：

1. 圖片名稱盡量以區塊加功能名稱為主，避免當其他頁面中也採用類似內容時，發生檔名重複的問題，命名建議如首頁的 banner 圖片其名稱為 home-banner。

2. 若圖片有大與小兩種尺寸時，命名規則為「類型 + 尺寸單詞」。如 LOGO 大圖：logo-big，LOGO 小圖：logo-sm。

3. 利用數字編號來區分數個檔案，命名規則為「類型 + 編號」。如 logo、logo2。

總結，若網頁中有複數導覽列時，則可命名的方式如下：

➤ 數字編號命名：nav、nav2、nav3。

➤ 數字編號 + 背景圖片命名：nav-bg、nav-bg2、nav-bg3。

➤ 位置命名：nav-top、nav-center、nav-bottom。

➤ 位置 + 背景圖片命名：nav-top-bg、nav-center-bg、nav-bottom-bg。

6.4 工程師眼中的設計稿

工程師所看的設計稿比設計師所設計與考慮到的更加細膩與詳細。工程師在進行切版前，會先依據網頁的呈現畫面進行各項分析，釐清哪些需要圖片素材配合、哪些可用程式代替以及整體佈局結構該如何編排等。前端工程師眼中所觀察的項目列舉如下：

1. 元件的樣式，如 padding、margin 或顏色透明值等。

2. 按鈕有三種型態，normal、press 與 hover，所需效果為何。

3. 設計稿中有數種字型、大小與顏色，其各自的設定值為何。

4. 設計稿中的形狀，是使用圖片還是透過程式產生，每列的底線是採用線條圖片還是用 CSS 處理。

5. 設計稿中公告標題排滿的字元數為 20 字元，則第 21 字元後是要換行還是以 [...] 取代。

6. 是否符合網格的佈局，若有的話則網格格數為多少。

7. 其他細節。

透過上述的列舉，可了解工程師是站在程式的角度去評估網頁內容的製作細節，然而這些細節有時在設計過程中會被遺忘，甚至是不知道要考慮這麼多因素，此時就容易造成雙方在專案上的溝通問題。

若設計師能先了解工程師在網頁端的製程，在頁面設計或切圖階段就能妥善處理各種細節，藉此解少溝通問題外還能提升專案的速度與品質。以設計稿切圖為例，掌握的重點如下：

1. 先描出大致的版面區塊。

2. 找出要裁切的元件：如 logo、icon、按鈕或背景圖等。

3. 若圖片是可被點擊，則在切圖時需考慮點擊範圍。

4. 決定元件背景是否透明，以及圖檔格式。

5. 切圖時決定邊緣是否留白。

6. 若能用 CSS 語法呈現時，則不需裁切成圖片，如陰影、圖片留白或背景顏色等。

7. 圖片命名規則。

8. 各種元件的規則表或示意圖，如某圖片的留白距離、陰影範圍、圓角矩形的尺寸等。

筆者建議，若對 CSS 語法尚不熟悉的設計師，可在切圖前與工程師針對頁面設計稿進行溝通討論，了解哪些需要產出圖檔，哪些可用 CSS 來完成。

以 123LearnGo 網站為例，工程師在與設計師進行切版溝通時，可省略一些專業術語的講解，反而可利用不同色筆的方式，在設計稿上直接框出需要設計師提供的圖片等內容。

◆ 框出各種內容的處理方式

色系説明如下：

➤ Div 區塊：網頁的內容都是由 Div 區塊所組成，就如同樂高積木一樣，透過不斷的推疊來完成作品。視覺設計師只需了解任何的內容都要放置各自對應的 Div 區塊中（Div 內還可包覆 Div）。

➤ 黃色框：純文字，如標題或內文。視覺設計師提供相關的文字檔案，以及對應的色碼、字級與對齊方式（如靠左對齊）等內容，供工程師進行 CSS 撰寫。

➤ 藍色框：圖片，如 logo、按鈕圖片、背景底圖或 banner 等。設計師提供相關圖檔，以及圖檔的尺寸與對齊方式（如靠左對齊）等內容，供工程師進行 CSS 撰寫。

➤ 留白設計：在設計過程中一定都會用到留白的設計，而留白可分為 padding 與 margin 兩種語法，padding 用在對 div 內進行留白，margin 用在對 div 外進行留白。

透過上述的認知後，設計師除了依需求進行切圖外，最終還需給予工程師一份或一張對照表，對照表主要是告訴工程師相關的尺寸，如圖片尺寸、留白距離、文字樣式、各種色票或相關特效的註解等，使工程師可順利依照設計稿進行網頁的製作。

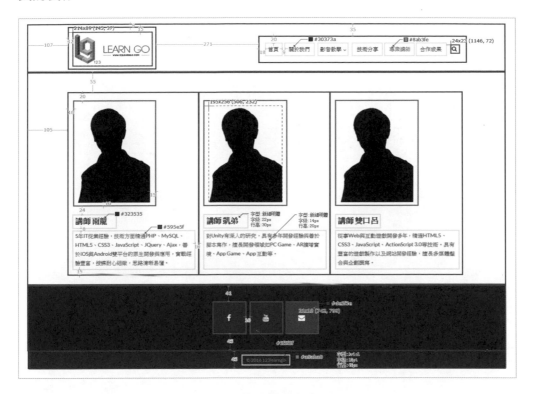

◆ 網頁對照表

透過此方式的溝通，除了能幫助前端工程師了解版面的構成外，在討論的過程中，前端工程師可講述一些專業術語與觀念；而視覺設計師則可傳達一些設計的想法與理念給前端工程師，使在網頁設計的道路上能彼此共同學習成長。

Note

HTML5

認識 HTML5

HTML5 是 HTML 最新的修訂版本，2014 年 10 月由全球資訊網協會（W3C）完成標準制定。目標是取代 1999 年所制定的 HTML 4.01 和 XHTML 1.0 標準，以其能在網際網路應用迅速發展的時代，使網路標準達到符合當代的網路需求。就廣義而言，指的是包括 HTML、CSS 和 JavaScript 在內的一套技術組合，主要是希望能夠減少網頁瀏覽器對於外掛程式的依賴（Plug-in-Based Rich Internet Application，RIA），例如：Adobe Flash、Microsoft Silverlight 與 Oracle JavaFX 的需求，並且提供更多能有效加強網路應用的標準集。

HTML5 添加了許多新的語法標籤，如 <video>、<audio> 和 <canvas> 等，且也整合了 SVG 內容。語意標籤是為了能更容易在網頁中添加以及處理多媒體和圖片內容所制定，其他新的標籤，如 <section>、<article>、<header> 和 <nav> 均是為了豐富 HTML 文件的內容。同時也有一些屬性和標籤已不再被採用，除此之外也針對某些標籤，如 <a>、<cite> 和 <menu> 重新定義或標準化。最終，APIs 和 DOM 已經成為 HTML5 中的基礎，HTML5 還定義了處理非法文件的具體細節，使得所有瀏覽器和用戶端程式能夠一致地處理語法錯誤。

 HTML5 與 HTML4 的觀念差異

以 HTML4 來說，基本上只能顯示傳統 HTML 標籤中的內容，如文字或圖片，若想要使網站視覺更加突出則必須搭配 CSS 進行美化，有時在網頁中需要搭配動畫、音樂、影片等多媒體內容時需呼叫其他程式進行輔助，這些互動行為光依賴 HTML 是無法輕易達成的，勢必得透過程式將內容封裝成 Active X 或 Flash 等方式，再將其檔案嵌入 HTML 使用，然而這些方式往往都會對瀏覽器造成一些問題，如拖慢網頁載入速度或允許他人透過後門程式入侵。因此，為了擺脫這些外掛程式所產生的諸多問題，新規範的 HTML 5 已對開發者提供了通用、整合性的聲音與視訊 API，使網頁無須在安裝任何外掛程式下就可瀏覽影音內容，加上相關動態輸出與渲染圖形、圖表、圖像和動畫的 API，讓開發者在進行多媒體的開發上能更加輕鬆。

◈ HTML 5 優點

1. 使用語意化的標籤，有利於 SEO（使用 footer、header 或 main 來取代 div，讓搜尋引擎能夠更加理解網頁的內容）。

2. 即使瀏覽器不同，也不會再出現同個網站在不同瀏覽器中卻呈現差異極大的結果。

3. 雖然有部分瀏覽器無法支援全部格式，但多數瀏覽器依然持續更新與支援。

4. 支援使用多媒體的標籤（Audio、Video），輕易使網頁豐富化，大幅減少外掛程式，就算沒有外掛程式一樣可以在網頁上瀏覽豐富的影音內容。

5. 將 Web 帶入一個成熟且完整的應用平台。

◈ HTML 5 缺點

1. 雖然所有主流瀏覽器（Microsoft Edge、Chrome、Firefox、Opera、Safari 等）不斷的更新技術，但目前還是有部分瀏覽器無法全部支援 HTML 5 與 CSS 3。

2. 不支援 HTML 5，只支援 Flash Player 的瀏覽器（如一些不再提供更新的瀏覽器），就無法在瀏覽器內播放 HTML 5 影音。

3. 無法像 Flash 以及 Silverlight 般將資源封裝，因此影音檔案的連結很容易被擷取。

 7.3 語意化標籤

藉由語意化標籤可了解各區塊內容所代表的含意為何，使文件結構更為明確與嚴謹。以前在 HTML 的編輯上會利用 <div> 標籤加 class 或 id 名稱為主（<div class="header"> 或 <div id="header">）；如今在 HTML 5 中，可使用語意明確的 header、footer 等標籤來取代 <div>，藉此讓文件結構更加嚴謹，也讓開發者更容易編譯與閱讀。

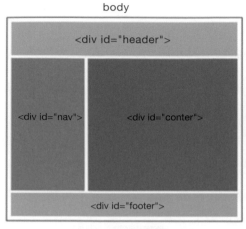
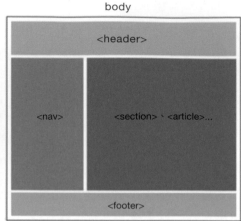

◆ HTML4 與 HTML5 在網頁結構編排上的差異

語意標籤在 1. 新增、2. 保留、3. 保留且未變更、4. 不再支援，四種情況下的標籤說明如下：

（1）新增標籤

標籤	說明
\<article>	定義文章區塊
\<aside>	定義文章區塊以外的內容，通常使用於內容相關的側邊欄，作為主內容之補充
\<audio>	定義為音效內容
\<canvas>	定義網頁上的繪圖區塊
\<command>	定義一個指令按鈕
\<datalist>	定義一個下拉式選單
\<details>	定義一個元件的細項
\<embed>	定義外掛程式或嵌入的內容
\<figure>	可在 figure 中置入多張圖片，並加入斷點判斷，以讀取不同尺寸的圖片

標籤	說明
<footer>	定義為網站底部區塊
<header>	定義為網站頂部區塊
<hgroup>	定義為組合標題與其他相關副標題
<keygen>	定義資料送到伺服器時，產生一組公鑰／私鑰，公鑰存在伺服器，私鑰存在本機電腦
<mark>	定義為標記文字
<meter>	定義一個已知範圍內的測量或統計的數據
<nav>	定義網站內的導航標籤，如選單或麵包屑等
<output>	定義為輸出運算的結果
<progress>	定義為表示進度的顯示
<rp>	定義為顯示 ruby 內的細項內容
<rt>	定義字元的解釋或發音
<ruby>	定義為一個 ruby 的內容
<section>	定義文章的小節部分
<source>	定義為影音多媒體的資源來源
<summary>	定義一個細項的抬頭
<video>	定義為影像內容
<time>	定義一個日期／時間

（2）保留標籤

標籤	說明	HTML4 的定義	HTML5 的定義
<a>	超連結	須有 href="#" 屬性才能連結	須有 href="#" 屬性才能連結
<b>	粗體	粗體	粗體
<i>	斜體	斜體	斜體

標籤	說明	HTML4 的定義	HTML5 的定義
<strong>	粗體	粗體	粗體
<em>	斜體	斜體	斜體
<small>	縮小字型	縮小字型	縮小字型
<hr>	水平分隔線	作為水平分隔線	更換段落主題時使用的水平分隔線

補充說明

在上表中可發現，<b> 與 <strong>、<i> 與 <em> 兩組標籤所呈現的結果是相同，但在使用時機上是有差別的，在此筆者以 <b> 與 <strong> 兩標籤進行說明。

- <b>：僅將文字標記為粗體。

- <strong>：除了文字標記為粗體外還具有被強調的含意。

在 SEO 的部分，搜尋引擎會給予 <strong> 較高的權重，<b> 只是普通文字。另外在螢幕輔助閱讀器中，<strong> 可被讀取，<b> 則不會被讀取。

（3）保留且未變更意義的標籤

標籤	說明
<!--...-->	定義一個註解
<!DCOTYPE>	定義文件類型
<abbr>	定義一個縮寫
<address>	定義內容為地址
<area>	定義為影像地圖
<base>	定義在頁面中所有 URL 的連接基準
<bdo>	定義文字顯示的方向
<blockquote>	定義為較長的引文
<body>	定義為 body

標籤	說明
\ 	換行符號
\<button>	定義為一個按鈕
\<caption>	定義為一個表格標題
\<cite>	定義一個引文
\<col>	定義表單「列」的屬性
\<colgroup>	定義群組表單中的列
\<dd>	用於一個定義的描述
\<del>	定義為刪除的文字
\<dfn>	用於一個項目的定義
\<div>	定義為一個文件內的一個部分
\<dl>	用於一個列表的定義
\<dt>	用於一個項目的定義
\<em>	用於強調文字
\<fieldset>	定義一個範圍的設定
\<form>	定義一個表單
\<h1>~\<h6>	定義為標題
\<head>	定義內容與其網頁文件有關之資訊
\<input>	定義一個可輸入的區域
\<ins>	定義插入的文字
\<label>	定義一個控制項的標籤
\<legend>	定義 \<fieldset>、\< figure> 或 \<details> 的標題
\<li>	定義一個清單的項目
\<map>	定義一個影像地圖的範圍
\<object>	定義一個嵌入的物件

標籤	說明
<ol>	定義一個次序列表
<p>	定義一個段落
<param>	定義為一個參數或物件
<pre>	定義為預設格式文字
<q>	定義為較短的引文（引號）
<select>	定義一個下拉式選單
<textarea>	定義為文字區域
<var>	定義一個變數

（4）不再支援的標籤

標籤	說明
<acronym>	用 abbr 取代
<applet>	改用 object 為對應
<basefont>	定義字體顏色以及大小的格式
<biq>	定義使字體更大
<center>	定義使文字和內容置中
<dir>	定義一個目錄列表
<font>	指定文字的字體、字體大小以及字體顏色
<frame>	定義一個視窗
<strike>	定義為刪除的文字，在 HTML5 用 <del> 取代
<u>	定義文字下底線
<xmp>	定義為預設格式文字

這麼多的語意標籤也不是全都會經常使用到，故筆者整理出六個最常用的語意標籤，你可以在 HTML 架構中自由配置，常用標籤如下表。

標籤	說明
<header>	位於 HTML5 文件頁面頂端，通常放置網站的 Logo、標題與選單主要資訊
<nav>	用於網站的麵包屑、選單等連結
<aside>	定義文章區塊以外的內容，通常使用於內容相關的側邊欄
<article>	一個文件內可以有很多的 <article>，通常在文件內容很多時，可以作為區分內容之用
<section>	文件內容可以有很多個 <section>，通常用於章節或標題的段落區分
<footer>	位於 HTML5 文件頁面底端，大多用於放置著作權、作者或相關資訊、頁腳選單等資訊

 文件結構差異

7.4.1 DOCTYPE（文件類型）

DOCTYPE 為在 HTML 4.01 版本時出現，可譯為文件類型定義。其作用為宣告（定義）該網站網頁編寫的 HTML、XHTML 所用的標籤是採用什麼樣的 (X)HTML 版本。宣告中 DTD 包含了 HTML、XHTML 標籤規則，使瀏覽器依據 DTD 來分析 HTML 的編碼，在 HTML 4 時代，對 DOCTYPE 宣告的語法如下：

```
<!DOCTYPE HTML PUBLIC "-//W3C//DTD HTML 4.01 Transitional//EN"
"http://www.w3.org/TR/html4/loose.dtd">
```

由於 DOCTYPE 並不是 HTML 標籤，因此該位置必須位於 <html> 標籤之前。宣告並指示瀏覽器 HTML 頁面要使用哪個 HTML 版本。如果 HTML 缺少第一行的 DOCTYPE 設定，會使得瀏覽器無法在「標準模式」下顯示 CSS 效果。到了 HTML 5 時代，對於 DOCTYPE 宣告的語法更為精簡，如下：

```
<!DOCTYPE html>
```

7.4.2 meta 元素的 charset 屬性

charset 屬性是 HTML 5 新增的屬性之一，用來替換 HTML 4 時代所使用的文字編碼。若不加入 Encoding（編碼）時，瀏覽器會根據伺服器送過來的 <head> 或是用其他方法來判定網頁，但這個判定不一定會是正確的，早期在 UTF-8 編碼還沒出現的時候，網路上的編碼非常混亂，一旦網頁中有其他語言則可能使網頁變成亂碼而無法閱讀。為了避免亂碼問題，都會在 <head> 範圍中添加屬性來宣告瀏覽器該使用何種編碼方式，而 UTF-8 是目前最常使用的編碼。

➤ 在 HTML 4 時代，文字編碼設定語法如下。

```
<meta http-equiv="Content-Type" content="text/html; charset=UTF-8">
```

➤ 到了 HTML 5 時代，文字編碼設定語法如下。

```
<meta charset="UTF-8">
```

7.4.3 type 屬性

在 HTML 4 時代，若要在 HTML 中撰寫 CSS 或 javascript 內容時，必須透過 type 屬性來指定文件類型，如此才可順利被讀取。到了 HTML 5 時代，則可省略 type 的設定，說明如下：

➤ 在 HTML 4 時代，type 設定 CSS 類型語法如下。

```
<style type="text/css">......</style>
```

➤ 在 HTML 4 時代，type 設定 JavaScript 類型語法如下。

```
<script type="text/javascript">......</script>
```

➤ 到了 HTML5 時代，type 設定 CSS 類型語法如下。

```
<style>......</style>
```

➤ 到了 HTML5 時代，type 設定 JavaScript 類型語法如下。

```
<script>......</script>
```

08 CSS 3 選擇器

8.1 觀念說明

CSS 是一種用來為結構化文件檔增加樣式（字體、間距和顏色等）的語言，稱之為層疊樣式表（英語：Cascading Style Sheets，簡寫 CSS）。

CSS 規則由兩個主要的部分所構成：1. 選擇器，2. 一則或多則聲明，CSS 的編寫規則與套用在 HTML 的說明如下：

◇ CSS 編寫規則

```
.TitleColor{
    color: #FF0000;
}
```

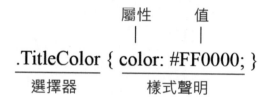

◇ 在 HTML 中套用選擇器

套用的方式為在 HTML 標籤中加上 class 屬性，並於 class 屬性中添加選擇器，套用選擇器方式如下：

```
<div class="TitleColor">Bootstrap</div>
```

當 <div> 加上 TitleColor 類別後，其文字會以紅色顯示。

然而此方式只是眾多美化方式的其中一種，且 HTML 對於 CSS 的使用上是有所謂優先權的關係。

補充說明

雖然在 CSS 文件中定義了名為 XXX 的選擇器，但在工程師彼此的溝通上，多數習慣稱 XXX 選擇器為 XXX 類別。故在往後的章節中，筆者在 CSS 文件中會稱之為選擇器，但在 HTML 中則改稱為類別。

8.1.1 HTML 對 CSS 的使用優先權

HTML 文件與瀏覽器對於 CSS 樣式處理的優先順序與使用方式如下：

	CSS 樣式使用優先權	瀏覽器對樣式的處理順序
標籤內樣式設定	1	4
style 標籤內樣式設定	2	3
link 檔案樣式設定	3	2
import 檔案樣式設定	4	1

> 標籤內樣式設定：意指直接在標籤中添加樣式。

```
<div style="color: #FF0000">Bootstrap</div>
```

> style 標籤內樣式設定：在 HTML 文件中建立 <style> 標籤，並撰寫 CSS 樣式，此方式除了造成網頁不易維護外，同時也不利 SEO。

```
<style>
    div{ color: #FF0000; }
</style>
```

> link 檔案樣式設定：在 HTML 文件中載入 CSS 樣式表文件。

```
<link rel="stylesheet" href="./css/style.css">
```

> import 檔案樣式設定：在 HTML 文件中利用 <style> 標籤來載入 CSS 樣式表。

```
<style>
    @import url("./css/style.css");
</style>
```

\\\\ ///
\\ 補充說明 //

link 檔案樣式設定理論上和 import 檔案樣式設定優先權相同，但大多瀏覽器會給予 link 檔案樣式設定較高優先權。

無論 HTML 文件或 CSS 樣式表，其讀取規則是由上至下、由左至右，因此在依序載入的各種文件中，假設若同個 class 選擇器中有重覆的屬性樣式時，則越晚（新）讀取的屬性結果會覆蓋稍早（舊）的屬性結果，若有同選擇器名稱但無同屬性時則視為新增屬性。範例如下：

```
<style>
    .spanClass{ color: #0000FF; }
    span{ color: #FF0000; }
</style>
<span class="spanClass">Bootstrap</span>
```

Bootstrap

- 較晚讀取的 spnalClass 類別樣式（藍色）取代了 span 標籤樣式（紅色）

在 <style> 標籤中設定了兩種不同選擇器，分別將顏色設為藍色（#0000FF）與紅色（#FF0000）兩種，其瀏覽器結果會顯示為藍色。執行上會先讀取 span 標籤選擇器，此時文字為紅色，接續又讀取到 .spanClass 類別，最終文字顏色會改為藍色。

 8.2 選擇器介紹

CSS 選擇器的建置規則，大致上可歸納為四種類類型，1. 基礎選擇器（Simple selectors）、2. 組合選擇器（Combinators）、3. 屬性選擇器、4. 偽類與偽元素選擇器，每種類型底下又有數種建置方式。

以下將針對不同選擇器之間的優先權問題，以及四種選擇器建置方式進行介紹。

8.2.1 選擇器優先權

根據網站效率專家 Steve Souders 指出，各種 CSS 選擇器的優先權由高至低排序如下：

1. ID selectors（ID 選擇器）。

2. Class selectors（類別選擇器）。

3. Type selectors（型態選擇器）。

4. sibling combinator（相鄰選擇器）。

5. Child combinator（子選擇器）。

6. Descendant combinator（後代選擇器）。

7. Universal selector（通用選擇器）。

8. Attribute selectors（屬性選擇器）。

9. 偽 Pseudo-classes（偽類選擇器）/ Pseudo-elements（偽標籤選擇器）。

8.2.2 基礎選擇器的介紹

1. 通用選擇器（Universal selector）：使用字元「*」，整個網頁下的所有內容都會套用設定。

   ● CSS 樣式表：網頁中所有文字顏色為紅色

```
* { color: #FF0000; }
```

2. Type selectors（類型選擇器）：針對 HTML 中的特定標籤進行設定，使 HTML 中所有相同的標籤均會套用樣式。

   ● CSS 樣式表

```
h1{ color: #0000FF; }
p{ color: #FF0000; }
```

   ● HTML 程式碼

```
<h1>文字顏色為藍色</h1>
<p>文字顏色為紅色</p>
```

3. Class selectors（Class 選擇器）：以「.」開頭，名稱可自訂，也是最常用的方式，與 id 選擇器不同的地方是 class 選擇器可同時被多個 HTML 標籤使用。

- CSS 樣式表

```
.TitleColor{ color: #FF0000; }
```

- HTML 程式碼

```
<h1 class="TitleColor">文字顏色為紅色</h1>
```

4. ID selectors（ID 選擇器）:「#」開頭，名稱可自訂。id 選擇器的規則非常的嚴格，因為它是唯一的，所以不允許被再次使用。

- CSS 樣式表

```
#TitleColor{ color: #FF0000; }
```

- HTML 程式碼

```
<h1 id="TitleColor">文字顏色為紅色</h1>
```

8.2.3 組合選擇器的介紹

1. Groups of selectors（群組選擇器），E, F：當不同選擇器卻有相同屬性樣式時可進行群組。不同選擇器之間需用 " , "（逗號）進行分隔。

- CSS 樣式表

```
h1, p, .TitleSpan{color: #FF0000;}
```

- HTML 程式碼

```
<h1>文字顏色為紅色</h1>
<p>文字顏色為紅色</p>
<div class="TitleSpan">文字顏色為紅色</div>
```

2. Descendant combinator（後代選擇器），E F：位於 E 標籤後代的所有 F 標籤均會套用樣式，E 和 F 之間需用空格分隔。

- CSS 樣式表

```
div p{ color: #FF0000; }
```

- HTML 程式碼

```
<div>
    <p> 文字顏色為紅色 </p>
</div>
<p> 文字顏色不被套用 </p>
```

3. Child combinator（子選擇器），E > F：利用 " > " 區隔兩個標籤，表示具有父子關係才會套用。與後代不同的是 E 及 F 標籤之間不能再插入其他的標籤，否則就不是父子關係。

- CSS 樣式表

```
div > p{ color: #FF0000; }
```

- HTML 程式碼

```
<div>
    <p> 文字顏色為紅色 </p>
    <span> 文字顏色不被套用 </span>
</div>
```

4. Adjacent sibling combinator（同層相鄰選擇器），E + F：利用 " + " 區隔兩個標籤，表示在與 E 同一層關係的相鄰 F 標籤才會套用。

- CSS 樣式表

```
div + p{ color: #FF0000; }
```

- HTML 程式碼

```
<div>
    <p> 文字顏色不被套用 </p>
</div>
<p> 文字顏色為紅色 </p>
<p> 文字顏色不被套用 </p>
```

5. General sibling combinator（同層全體選擇器），E ~ F：利用 " ~ " 區隔兩個標籤，表示在與 E 同一層關係的 F 標籤全部都會套用，此為 CSS 3 的選擇器。目前並不支援所有的瀏覽器。

- CSS 樣式表

```
div ~ p{ color: #FF0000; }
```

- HTML 程式碼

```
<div>
    <p> 文字顏色不被套用 </p>
</div>
<span> 文字顏色不被套用 </span>
<p> 文字顏色為紅色 </p>
<p> 文字顏色為紅色 </p>
```

8.2.4 屬性選擇器的介紹

1. [attribute]：標籤中只要含有 [attribute] 屬性時，無論屬性值為何即會套用樣式。

    - CSS 樣式表

```
div[title]{ color: #FF0000; }
```

    - HTML 程式碼

```
<div title=" 屬性內容 "> 文字顏色為紅色 </div>
```

2. [attribute=value]：當 [attribute] 屬性值中帶有指定值時才會套用樣式。

    - CSS 樣式表

```
div[title="123LearnGo"]{ color: #FF0000; }
```

    - HTML 程式碼

```
<div title="123LearnGo"> 文字顏色為紅色 </div>
```

3. [attribute~=value]：當 [attribute] 屬性中包含指定的詞彙時才會套用樣式。

    - CSS 樣式表

```
div[title~="123LearnGo"]{ color: #FF0000; }
```

- HTML 程式碼

```
<div title="Bootstrap 123LearnGo">文字顏色為紅色</div>
```

4. [attribute|=value]：用於 [attribute] 屬性值中帶有指定詞彙開頭時才會套用樣式。

- CSS 樣式表

```
div[title|="123LearnGo"]{ color: #FF0000; }
```

- HTML 程式碼

```
<div title="123LearnGo-Bootstrap">文字顏色為紅色</div>
```

5. [attribute^=value]：匹配 [attribute] 屬性值以指定詞彙開頭時才會套用樣式。

- CSS 樣式表

```
div[title^="Learn"]{ color: #FF0000; }
```

- HTML 程式碼

```
<div title="LearnGo">文字顏色為紅色</div>
```

6. [attribute$=value]：匹配 [attribute] 屬性值以指定詞彙結尾時才會套用樣式。

- CSS 樣式表

```
div[title$="Go"]{ color: #FF0000; }
```

- HTML 程式碼

```
<div title="123LearnGo">文字顏色為紅色</div>
```

7. [attribute*=value]：匹配 [attribute] 屬性值中有指定詞彙時才會套用樣式。

- CSS 樣式表

```
div[title*="Learn"]{ color: #FF0000; }
```

- HTML 程式碼

```
<div title="123LearnGo"> 文字顏色為紅色 </div>
```

8.2.5 Pseudo-classes（偽類選擇器）的介紹

偽類用於當標籤處於某個狀態時，在多添加對應的樣式。偽類有眾多種選擇器，下列將以較常使用的選擇器進行介紹。

1. E:link：E 標籤是一個超連結（錨點）的來源，意指連結平常的樣式。只作用在 <a> 超連結，且樣式套用於還沒被訪問過的連結。

   - CSS 樣式表

```
a:link{ color: #FF0000; }
```

   - HTML 樣式表

```
<a href="#"> 連結預設的文字顏色為紅色 </a>
```

2. E:visited：連結查閱後的樣式。

   - CSS 樣式表

```
a:visited{ color: #FF0000; }
```

   - HTML 程式碼

```
<a href="#"> 連結被點擊過後，文字顏色為紅色 </a>
```

3. E:hover：滑鼠滑入時的樣式。

   - CSS 樣式表

```
a:hover{ color: #FF0000; }
```

   - HTML 程式碼

```
<a href="#"> 滑入連結時文字顏色為紅色 </a>
```

4. E:focus：聚焦時的樣式。

- CSS 樣式表

```
a:focus{ color: #FF0000; }
```

- HTML 程式碼

```
<a href="#">聚焦時，文字顏色為紅色</a>
```

5. E:active：滑鼠按下的樣式。

- CSS 樣式表

```
a:active{ color: #FF0000; }
```

- HTML 程式碼

```
<a href="#">按下連結時，文字顏色為紅色</a>
```

6. E:nth-child(n)：父標籤內的「第 n 個」子標籤，「不依」標籤類型計數，只接受整數作為參數（參數從 1 開始計算），也可以設定可變的參數，例如 li:nth-child(4n)，將選取第 4, 8，12… 個子標籤內容（4*n, n=1, n++）。除了數字外也可對「even（奇數）」或「odd（偶數）」作選擇。

- CSS 樣式表

```
p:nth-child(even){ color: #FF0000; }
```

- HTML 程式碼

```
<h1>Bpootstrap（文字顏色不被套用）</h1>
<p>Bpootstrap（文字顏色為紅色）</p>
<p>Bpootstrap（文字顏色不被套用）</p>
<p>Bpootstrap（文字顏色不被套用）</p>
```

Bpootstrap(文字顏色不被套用)

Bpootstrap(文字顏色為紅色)

Bpootstrap(文字顏色不被套用)

Bpootstrap(文字顏色不被套用)

7. E:nth-last-child(n)：父標籤內的「第 n 個」子標籤，但選取方向為從最後開始往前進行選擇。

- CSS 樣式表

```
p:nth-last-child(2){ color: #FF0000; }
```

- HTML 程式碼

```
<h1>Bpootstrap( 文字顏色不被套用 )</h1>
<p>Bpootstrap( 文字顏色不被套用 )</p>
<p>Bpootstrap( 文字顏色為紅色 )</p>
<p>Bpootstrap( 文字顏色不被套用 )</p>
```

Bpootstrap(文字顏色不被套用)

Bpootstrap(文字顏色為紅色)

Bpootstrap(文字顏色不被套用)

Bpootstrap(文字顏色不被套用)

8. E:first-child：只選取父標籤的「第一個」子標籤。

- CSS 樣式表

```
p:first-child{ color: #FF0000; }
```

● HTML 程式碼

```
<p>Bpootstrap ( 文字顏色為紅色 )</p>
<p>Bpootstrap ( 文字顏色不被套用 )</p>
<div>
    <p>Bpootstrap-1 ( 文字顏色為紅色 )</p>
    <p>Bpootstrap-1 ( 文字顏色不被套用 )</p>
</div>
<p>Bpootstrap ( 文字顏色不被套用 )</p>
```

Bpootstrap(文字顏色不被套用)

Bpootstrap(文字顏色不被套用)

Bpootstrap-1(文字顏色不被套用)

Bpootstrap-1(文字顏色為紅色)

Bpootstrap(文字顏色為紅色)

9. E:last-child：只選取父標籤的「最後一個」子標籤。

● CSS 樣式表

```
p:last-child{ color: #FF0000; }
```

● HTML 程式碼

```
<p>Bpootstrap ( 文字顏色不被套用 )</p>
<p>Bpootstrap ( 文字顏色不被套用 )</p>
<div>
    <p>Bpootstrap-1 ( 文字顏色不被套用 )</p>
    <p>Bpootstrap-1 ( 文字顏色為紅色 )</p>
</div>
<p>Bpootstrap ( 文字顏色為紅色 )</p>
```

Bpootstrap(文字顏色不被套用)

Bpootstrap(文字顏色不被套用)

Bpootstrap-1(文字顏色不被套用)

Bpootstrap-1(文字顏色為紅色)

Bpootstrap(文字顏色為紅色)

10. E:enabled：E 標籤是一個 enabled（啟用）的 UI（使用者介面）內容。

- CSS 樣式表

```
input:enabled{ color: #FF0000; }
```

- HTML 程式碼

```
<input type="text" value="enabled">( 啟用時，文字顏色為紅色 )
```

```
enabled
```

11. E:disabled：E 標籤是一個 disabled（禁用）的 UI（使用者介面）內容。

- CSS 樣式表

```
input:disabled{ color: #FF0000; }
```

- HTML 程式碼

```
<input type="text" value="disabled" disabled="disabled">( 禁用時，文字顏色為紅色 )
```

```
disabled
```

12. E:checked：E 標籤是 UI（使用者介面）的可被選取內容，如單選（radio）
或複選（checkbox）、選擇列表（select）。

- CSS 樣式表

```
input:checked {
    height: 30px;
    width: 30px;
}
option:checked {
    background: red;
}
```

- HTML 程式碼

```
<input type="radio" name="sex" value="male" checked="checked" />（被選取時其
寬度與高度為 30px）
<input type="radio" name="sex" value="female" />（預設樣式）
<input type="checkbox" value="Bike" checked="checked" />（被選取時其寬度與高
度為 30px）
<input type="checkbox" value="Car" />（預設樣式）
<select>
    <option value="1">1</option>（被選取時其背景顏色為紅色）
    <option value="2">2</option>（預設樣式）
    <option value="2">3</option>（預設樣式）
</select>
```

8.2.6 Pseudo-elements（偽標籤選擇器）的介紹

偽標籤用於創建一些不在文檔樹中的標籤，對原本標籤添加其他樣式。

1. E::first-line：第一行會套用樣式。

- CSS 樣式表

```
p::first-line{ color: #FF0000; }
```

- HTML 程式碼

```
<p>
    Bootstrap( 文字顏色為紅色 )<br/>
    Bootstrap( 文字顏色不被套用 )<br/>
    Bootstrap( 文字顏色不被套用 )<br/>
</p>
```

Bootstrap(文字顏色為紅色)
Bootstrap(文字顏色不被套用)
Bootstrap(文字顏色不被套用)

2. E::first-letter：第一個字母會套用樣式。

- CSS 樣式表

```
p::first-letter{ color: #FF0000; }
```

- HTML 程式碼

```
<p>
    Bootstrap( 第一字顏色為紅色 )<br/>
    Bootstrap( 文字顏色不被套用 )<br/>
    Bootstrap( 文字顏色不被套用 )<br/>
</p>
```

Bootstrap (文字顏色為紅色)
Bootstrap (文字顏色不被套用)
Bootstrap (文字顏色不被套用)

3. E::before：在 E 標籤之前產生內容。

- CSS 樣式表

```
p::before{ content: " ● "; }
```

- HTML 程式碼

```
<p>Bootstrap</p>
```

● Bootstrap

4. E::after：在 E 標籤之後產生內容。

- CSS 樣式表

```
p::after{ content: "●"; }
```

- HTML 程式碼

```
<p>Bootstrap</p>
```

Bootstrap ●

5. E::selection：當內容被反白時的樣式。

- CSS 樣式表

```
p::selection{ color: #FF0000; }
```

- HTML 程式碼

```
<p>Bootstrap</p>
```
（被反白的文字顏色為紅色）

Bootstrap

(被反白的文字顏色為紅色)

6. E:: placeholder：在輸入框中常會提示所要輸入的內容，此稱為佔位符號，當輸入框中具有該屬性時則套用樣式。

- CSS 樣式表

```
input::placeholder{ color: #FF0000; }
```

- HTML 程式碼

```
<input type="text" placeholder="Bpootstrap">
```
（ placeholder 屬性的屬性值，文字顏色為紅色）

Bpootstrap (placeholder 屬性的屬性值，文 字顏色為紅色)

Note

CHAPTER

09

Bootstrap 介紹

9.1 何謂 Bootstrap

在切版階段,要將網頁編輯成與設計稿一樣,其實是件不容易的事情。加上每位工程師對於版面的佈局均有不同的思考邏輯與手法,命名也有所不同,除此之外還有各種元件,如表格、清單、表單、項目符號等,這些皆會使 CSS 樣式表變得非常龐大且複雜,使得往後接手的工程師必須先花時間了解前人的命名與撰寫規則後,才可著手進行維護等動作,因為無意義或無標準化的規範,無形間也增加了維護時間成本。

Bootstrap 原名 Twitter Blueprint,由 Twitter 的 Mark Otto 和 Jacob Thornton 編寫,本意是製作一套可以保持一致性的框架、樣式與元件且隨時都能更新內容。發展至今,已成為最熱門的框架之一,且在很多網站中都可看到 Bootstrap 的身影。

Bootstrap 是一套用於網站和網路應用程式的前端框架,且為自由軟體。同時提供大量的元件來供靈活使用,且標準化的網格系統可輕易地使網站同時適應不同尺寸的載具,以及具有標準化的語意名稱,可順利的整合前後端開發。

在跨瀏覽器的支援上,Bootstrap 支援市面上大部份的主流瀏覽器。目前 Bootstrap 的流行與普及程度,連多數企業在徵求前端工程師時都列為必會的技能條件之一。在多項優勢下,對於許多不擅長視覺設計的前、後端工程師而言可省略美化上的困惱,但需注意的是,Bootstrap 5 則不在支援 IE 10 和 IE 11,進而節省了很多為兼容而寫的程式碼,同時也可以更好的運用 html 5 和 css 3 的特點。從 Bootstrap 4 到 Bootstrap 5 的重點改變如下:

1. 移除 IE 10 和 IE 11 的支援:隨著微軟轉向 Edge 瀏覽器,IE 瀏覽器正在逐漸失去市場。此外,Edge 採用了開源 chromium 引擎,使其擁有與最新版本的 Chrome 和 Firefox 相當的所有現代 JavaScript 和 CSS 功能。鑑於此開發者們可以專注使用較新的語法。

   以下是 Bootstrap 5 不再支持的瀏覽器的完整列表:

   (1) 刪除 Microsoft Edge Legacy。

   (2) 刪除 Internet Explorer 10 and 11。

   (3) 刪除 Firefox < 60。

(4) 刪除 Safari < 10。

(5) 刪除 iOS Safari < 10。

(6) 刪除 Chrome < 60。

(7) 刪除 Android < 6。

2. 不再依賴 jQuery：以前需利用 jQuery 才可使用的下拉、滑塊、彈出框等組件，改由使用原生的 JavaScript 進行取代。但不依賴不代表不能使用，即使 Bootstrap 已經不再依賴於 jquery，若您仍想在 BootStrap 5 中繼續使用也是可能的。

3. 新增 CSS 自定義屬性：由於遺棄了 IE 瀏覽器的限制器，使 Bootstrap 可以使用自定義的 CSS 變數而不需要依賴類 SaSS 之類的協助，可以在 _root.scss 檔案中找到這些屬性，注意所有的變數都有 -bs 的前綴來避免它們與第三方套件的樣式衝突。

4. 新增 Bootstrap icon 資源庫：開發者不再需要引入像是 Font Awesome 之類的資源來協助打造自己的網站。Bootstrap icon Library 提供了超過 1,300 種的開源圖檔，同時支援不同的使用方式，像是 SVG、SVG Sprite 以及基本的 web font。另外值得一提的是，這個開源套件同時也可以使用在其他專案中，並不僅限於搭配 Bootstrap 使用。

7. 新增響應式字體大小：文字排版（Typography）的部分，新增了 Responsive Font Size 的設定，並將其設為預設值。也就是說常見的 h1、h2 等文字排版會自動響應使用者的螢幕大小做出變化。

8. Utilities API（實用程序 API）：Bootstrap 5 中內置了一個新的實用程序 API。您可以使用 Sass 創建自己的實用程序，還可以使用 Bootstrap 的實用程序 API 來修改或刪除默認實用程序類。

9. 優化了各個組件的外觀：包括調色板或字體等，使設計的網站變得更加美觀，以往 Bootstrap 給人詬病的一點為做出的網站頁面過於呆板，需要撰寫額額外的 css 進行優化，此次 Bootstrap 5 擴展了它的調色板，使包含更多不同色調的顏色。

10. 增強的網格系統：Bootstrap 5 保留了 Bootstrap 4 的網格系統結構外還曾增加其他類別以因應目前諸多的尺寸，以下為 Bootstrap 5 網格系統中的改變：

(1) 新的 xxl 網格。

(2) gutter 的寬度從固定的 30px 改為 1.5rem。

(3) 表單佈局選項已替換為新的網格系統。

(4) 添加了垂直間距類。

(5) 列（Columns）在默認情況下不再使用 position: relative。

此次的版本更新上幾乎沒有與舊版衝突的語法，僅有少數的類別（class）被刪除。藉此表示開發者將 Bootstrap 4 專案升級為 Bootstrap 5 的成本相當低。另外上述中還有諸多細微的調整並未說明，此部分可查閱官方文件。

網站專案使用 Bootstrap 的流程建議如下：

`STEP 1` 使用網格系統進行網頁結構佈局。

`STEP 2` 使用 Typography（文字排版）與 Components（元件）等類別來建置內容。

`STEP 3` 利用 Utilities（輔助類別）與 Components（元件）本身所提供的調整樣式來美化或整體內容。

`STEP 4` 自行撰寫 CSS 樣式來滿足 Bootstrap 無法達成的效果。

9.2 容器介紹

容器（container）是 Bootstrap 中最基本的佈局元素，在使用我們的網格系統時是必需的。容器用於在容納，填充和（有時）使內容居中。儘管容器可以巢狀，但大部分排版不需要巢狀。

Bootstrap 本身自帶三種不同的容器：

1. `.container`：每一個響應式斷點都會設置一個 max-width，稱之為固定寬度。

2. `.container-fluid`：所有斷點都是 `width:100%`，稱之為滿版寬度。

3. `.container-{breakpoint}`：直到指定斷點之前都會是 `width:100%`，稱之為響應式寬度，分別有（`container`、`container-sm`、`container-md`、`container-lg`、`container-xl`、`container-xxl`六種）。

下表說明了每個容器的 `max-width` 與每個斷點處的原始 `.container` 和 `.container-fluid` 的比較。

	Extra small <576px	Small ≥576px	Medium ≥768px	Large ≥992px	X-Large ≥1200px	XX-Large ≥1400px
.container	100%	540px	720px	960px	1140px	1320px
.container-sm	100%	540px	720px	960px	1140px	1320px
.container-md	100%	100%	720px	960px	1140px	1320px
.container-lg	100%	100%	100%	960px	1140px	1320px
.container-xl	100%	100%	100%	100%	1140px	1320px
.container-xxl	100%	100%	100%	100%	100%	1320px
.container-fluid	100%	100%	100%	100%	100%	100%

9.3 網格系統介紹

網格系統（Grid System）其實是一種平面設計方法，藉由固定的格子切割版面來安排內容佈局，如圖所示。從圖中可發現網格系統本質上就是追求對齊與理性，此本質延續到網頁設計中則變成一種以規律的格線來輔助網頁佈局，更準確的來說，網格系統就是把網頁變成有規則性大小的格子。

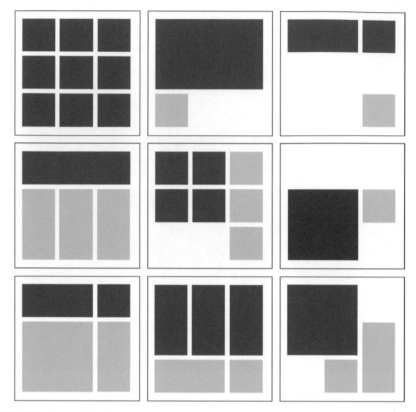

◆ 圖片來源：http://inspirationfeed.com/harnessing-the-power-of-the-grid-in-your-designs/

在 Bootstrap 框架出現之前，多數的工程師都會搭配網路上別人所提供或自行撰寫的網格系統來輔助排版，以減少網頁佈局的時間。無論是使用他人或自行撰寫的網格系統，其欄位多數均採用 12 欄（等同於將網頁寬度分成 12 等分），供工程師自行組合運用，藉由網格系統的輔助讓網頁開發過程變得更快以及輕易達到響應式設計之目的。

.col-md-1	.col-md-1	.col-md-1	.col-md-1	.col-md-1	.col-md-1	.col-md-1	.col-md-1	.col-md-1	.col-md-1	.col-md-1	.col-md-1

.col-md-8	.col-md-4

.col-md-4	.col-md-4	.col-md-4

.col-md-6	.col-md-6

◆ Bootstrap 所提供的網格系統

筆者以相同的網頁結果為例，分別利用 CSS 佈局與 Bootstrap 網格系統佈局兩種方式，說明彼此的差異。

1. CSS 佈局：需定義浮動位置、欄位寬度與背景顏色。

網頁結果

| 上方區塊 |
| 左邊區塊　　　　右邊區塊 |

HTML 寫法

```
<div class="top">上方區塊</div>
<div class="left">左邊區塊</div>
<div class="right">右邊區塊</div>
```

CSS 寫法

```
.top{
    float: left;
    width: 100%;
    background-color: #7593F3;
}

.left{
    float: left;
    width: 30%;
    background-color: #F3B9BA;
}

.right{
    float: left;
    width: 70%;
    background-color: #84E498;
}
```

◆ 一般網頁寫法

2. Bootstrap 網格系統：在 HTML 中加入網格系統的類別，即可取代 CSS 佈局中所定義的 width 屬性。藉此除了加速佈局的時間外，還可直接用網格類別作斷點的處理，不必再自行撰寫佈局的斷點。

網頁結果

上方區塊

左邊區塊　　　　　右邊區塊

HTML 寫法

```
<div class="col-md-12 top">上方區塊</div>
<div class="col-md-3 left">左邊區塊</div>
<div class="col-md-9 right">右邊區塊</div>
```

CSS 寫法

```css
.top{
    float: left;
    /*width: 100%;*/
    background-color: #7593F3;
}

.left{
    float: left;
    /*width: 30%;*/
    background-color: #F3B9BA;
}

.right{
    float: left;
    /*width: 70%;*/
    background-color: #84E498;
}
```

◆ Bootstrap 的佈局寫法

\\\\ ⫽ ⫽
補充說明 ⫽ ⫽

網格系統是以 12 欄為主（每隔欄寬 100% / 12 = 8.3%），因此 col-md-3 約頁寬的 25%，col-md-9 約頁寬的 75%。

藉由網格系統的輔助，網頁佈局的優勢如下：

1. 增加可讀性：可輕易建立規律的佈局，在響應式的佈局調整上也更為便利。

2. 建立共通語彙：當設計師與工程師都使用網格系統做設計時，可使網頁從視覺設計稿到最終呈現結果都一脈相承，不需轉換任何比例尺寸，此方式可加快開發速度並降低設計師與工程師的溝通成本。

3. 適應不同螢幕的佈局：當網頁遇到不同螢幕尺寸時，網格會依照工程師所設定的斷點與佔有欄位數來重新調整網頁佈局。

網格系統的佈局說明

9.4.1 規則說明

Bootstrap 的網格系統在使用上就像堆積木一樣，但須遵守使用規範才能順利完成網頁的佈局。網格系統是透過 row（列）和 column（欄）來建立內容的佈局，網格系統在使用上需注意的事項如下：

```
<div class="container">
    <div class="row">
        <div class="col-md-12">上方區塊</div>
        <div class="col-md-3">左邊區塊</div>
        <div class="col-md-9">右邊區塊</div>
    </div>
</div>
```

◆ 佈局結構

1. 若內容要採用固定寬度時則使用 .container 類別，若要滿版寬度時則使用 .container-fluid 類別，若要響應式寬度時則使用 .container-{breakpoint}。

2. row 類別必須放在 .container（固定寬度）、.container-fluid（滿版寬度）或 .container-{breakpoint} 容器中。

3. 在每個 row（行）水平群組內確保底下有 column（欄）可以順利排成一行。row 本身的屬性樣式，具有負值的外距屬性（margin），藉此消除 container、container-fluid 與 .container-{breakpoint} 三類別屬性中的內距（padding）屬性，使內容能準確貼齊邊緣。

4. flexbox：在沒有設置欄位數時，也能自動以相同寬度進行佈局。如使用了四個 .col-sm 類別但未給予欄位數時，頁面也會自動將寬度設為 25%。

5. 每個 row 中所允許的 column（欄），加總數值最大為 12，若超過 12 時則額外的 column（欄）會自動換到新的一行。

6. 每個 column（欄）之間都有間隙，可透過 .g-0 類別來移除填充的內距（padding）屬性。同時可使用 .gx-* 類別來更改水平方向的 Gutters、用 .gy-* 更改垂直方向的 Gutters，或是用 .g-* 更改所有方向的 Gutters。

7. 共有六個斷點，為 xs（極小）、sm（小）、md（中）、lg（大）、xl（特大）、xxl（超級大），斷點主要是基於 min-width 來設置 media queries，這代表著它們將會影響該斷點及其上的所有斷點。如以 .col-sm-* 類別進行佈局時，則該類別適用於 sm、md、lg、xl 和 xxl（若未套用 .col-md-*、.col-lg-*、.col-xl-*、.col-xxl-*）。

9.4.2 網格斷點

網格的使用規則為 {.col- 斷點 - 欄位數 }，斷點部分 Bootstrap 提供了六種尺寸規格編號，xs（極）、sm（小）、md（中）、lg（大）、xl（特大）、xxl（超級大）欄數部分為 1 ～ 12。透過下表，可瞭解 Bootstrap 的網格系統是如何橫跨多種載具。

	xs <576px	sm ≥576px	md ≥768px	lg ≥992px	xl ≥1200px	xxl ≥1400px
最大容器寬度	None (auto)	540px	720px	960px	1140px	1320px
類別	.col-	.col-sm-	.col-md-	.col-lg-	.col-xl-	.col-xxl-
列數	12					
間隙	1.5rem（左右各 0.75 rem）					
自定義間隙	可以					
可嵌套	可以					
列排序	可以					

9.4.3 自動佈局

在佈局中，除了在斷點類別中必須加入固定欄數外，Bootstrap 還提供數種方式來調整欄寬，使在網格佈局時更有彈性，說明如下：

（1）可自動的平均分配欄寬

Bootstrap 使用了 CSS Flexbox 技術重新定義版面配置，在不輸入數字的狀況下，還能依據所建立的 {.col- 斷點 } 數量來自動平均分配欄寬。範例中，建立了 3 個 col-sm 類別（未填寫欄位數），此時欄寬會自動分為 3 等分。

```
<div class="container">
  <div class="row">
    <div class="col-sm">col-sm</div>
    <div class="col-sm">col-sm</div>
    <div class="col-sm">col-sm</div>
  </div>
</div>
```

col-sm	col-sm	col-sm

（2）設置其中一個欄寬

在 flexbox 自動佈局中，除了可不填寫欄位數的自動平均分配外，還可針對其中某個類別設定欄位數（1 個以上），此時頁寬會先扣除有設定的欄位數，剩餘的類別則自動平均分配。範例中，針對其中一個 col-sm 類別設定欄位數 6，待頁寬扣除後，會將剩餘的欄位數平均分配給剩餘的兩個類別。

```
<div class="container">
    <div class="row">
        <div class="col-sm">col-sm</div>
        <div class="col-sm-6">col-sm6</div>
        <div class="col-sm">col-sm</div>
    </div>
</div>
```

col-sm	col-sm-6	col-sm

（3）動態調整欄寬

除了平均分配欄寬外，還可使用 `col-{ 斷點 }-auto` 來依據文字的寬度動態調整欄寬。範例中，將中間的類別欄位數設定為 auto，使該類別的寬度改以文字字數為主，待頁寬扣除該段欄寬後，會將剩餘的欄寬分配給剩餘的兩個類別。

```
<div class="container">
    <div class="row">
        <div class="col-sm">col-sm</div>
```

```
        <div class="col-sm-auto">Hello 123LearnGo. How Are You ? </div>
        <div class="col-sm">col-sm</div>
    </div>
</div>
```

col-sm	Hello 123LearnGo. How Are You ?	col-sm

除了使用 auto 外，還可搭配使用指定欄位數方式，以做出更多的螢幕寬度變化。範例中，因為佈局中同時含有 auto 與欄位數，會造成當未滿足 12 格條件時，不曉得剩餘的格數。

```
<div class="container">
    <div class="row">
        <div class="col-sm-2">col-sm-2</div>
        <div class="col-sm-auto">Hello 123LearnGo.</div>
        <div class="col-sm-4">col-sm-4</div>
    </div>
</div>
```

col-sm-2	Hello 123LearnGo.	col-sm-4	

（4）等寬多行

若希望在佈局中，某個欄會分隔成新的一行時，可在換行之前加入 w-100 類別來建立等寬度的欄位，藉此強制使下個欄位會變成新的一行，範例如下。

```
<div class="container">
    <div class="row">
        <div class="col-sm">col-sm</div>
        <div class="col-sm-auto">Hello 123LearnGo.</div>
        <div class="w-100"></div>
        <div class="col-sm">col-sm</div>
    </div>
</div>
```

col-sm	Hello 123LearnGo.
col-sm	

9.4.4 斷點類別的使用

Bootstrap 提供了六個級別來輔助不同載具上的排版，說明如下：

（1）所有尺寸都適用的斷點類別

Bootstrap 對於較小手機的斷點並沒有給予指定的編號，因此直接以 .col 作為較小手機的類別名稱。.col 類別的特性可從較小至較大六個級別設備中都保持相同的網格，若要指定寬度時則可使用 .col-*（欄位數）。範例中，以 col 類別為例，說明使用方式。

```
<div class="container">
    <div class="row">
        <div class="col-4">col-4</div>
        <div class="col-3">col-3</div>
        <div class="col-5">col-5</div>
    </div>
</div>
```

col-4	col-3	col-5

（2）水平堆疊

不同的斷點間都有一個範圍值，當載具的寬度符合該斷點範圍時，均能依照所設定的欄位數以水平呈現，但當載具寬度小於斷點尺寸時，則會改為堆疊的方式呈現。範例中，以 sm 類別（≥576px）為主，當大於該尺寸時佈局能以符合所設定的欄位數呈現，但當小於 576px 時則改以推疊的方式呈現。

```
<div class="container">
    <div class="row">
```

```
        <div class="col-sm-3">col-sm-3</div>
        <div class="col-sm-4">col-sm-4</div>
        <div class="col-sm-5">col-sm-5</div>
    </div>
</div>
```

寬度:640px

col-sm-3	col-sm-4	col-sm-5

寬度:480px

col-sm-3
col-sm-4
col-sm-5

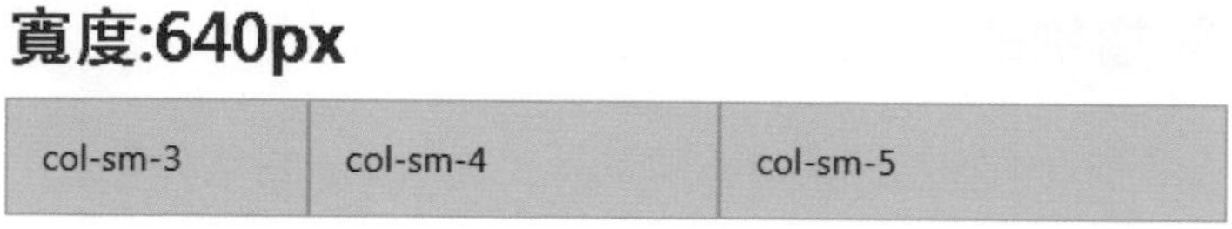

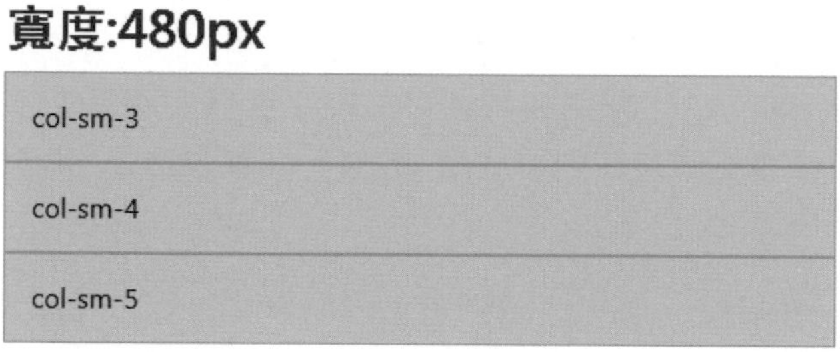

（3）斷點混合

在 RWD 網頁時代，版面配置會因為不同的載具寬度而有不同的排版結果。為了應付此需求，可在同個網格佈局中加入不同斷點進行混合搭配，使頁面內容可因應不同載具尺寸來重新調整佈局結構。範例中，混合了 sm 與 md 兩種斷點尺寸，且在兩種斷點中的欄位數均不相同，因此可從圖中了解在不同斷點情況下的排版結果，藉此方式可輕易調整網頁在不同載具中的佈局。

```
<div class="container">
    <div class="row">
        <div class="col-12 col-sm-3 col-md-6">col-12 col-sm-3 col-md-6</div>
        <div class="col-12 col-sm-4 col-md-6">col-12 col-sm-4 col-md-6</div>
        <div class="col-12 col-sm-5 col-md-12">col-12 col-sm-5 col-md-12</div>
    </div>
</div>
```

col-12 col-sm-3 col-md-6	col-12 col-sm-4 col-md-6

md

col-12 col-sm-5 col-md-12

sm

col-12 col-sm-3 col-md-6	col-12 col-sm-4 col-md-6	col-12 col-sm-5 col-md-12

小於 sm

col-12 col-sm-3 col-md-6
col-12 col-sm-4 col-md-6
col-12 col-sm-5 col-md-12

9.4.5 列與欄

（1）為列指定排版的欄數

相較於在每列（如 .col-md-4）中指定特定的格數外，可於父階層 row 中增加 `.row-cols-*` 類別來快速設置並呈現您想要內容與排版的列數，以每列呈現兩欄為例，範例如下。

```
<div class="container">
  <div class="row row-cols-2">
    <div class="col">Column</div>
    <div class="col">Column</div>
    <div class="col">Column</div>
    <div class="col">Column</div>
  </div>
</div>
```

col	col
col	col

若於父階層 row 中所指定的欄數小於目前既有的欄位數量時,超過的部分會以新的一列開始排列,以每列呈現三欄為例,範例如下。

```
<div class="container">
  <div class="row row-cols-3">
    <div class="col">Column</div>
    <div class="col">Column</div>
    <div class="col">Column</div>
    <div class="col">Column</div>
  </div>
</div>
```

col	col	col
col		

還可於父階層 row 中為每個不同斷點指定排列欄位數量,範例如下。

```
<div class="container">
  <div class="row row-cols-1 row-cols-sm-2 row-cols-md-4">
    <div class="col">Column</div>
    <div class="col">Column</div>
    <div class="col-6">Column</div>
    <div class="col">Column</div>
  </div>
</div>
```

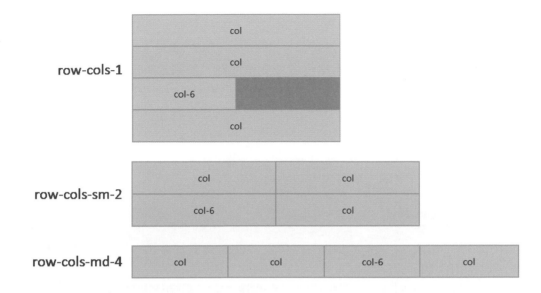

（2）為列指定成彈性寬度

透過 `.row-cols-auto`，可為列指定成彈性寬度，藉由行列類可以快速建立基本的網格排版與內容排版，範例如下。

```
<div class="container">
  <div class="row row-cols-auto">
    <div class="col">Column</div>
    <div class="col">Column</div>
    <div class="col">Column</div>
    <div class="col">Column</div>
  </div>
</div>
```

9.4.6 對齊

由於 Bootstrap 採用了 Flexbox 技術,使內容在對齊的處理上比以往更加容易,同時針對較難處理的對齊,還提供多種調整類別,無論水平或垂直以及在內容中的置頂、置中或置底等調整上,都能輕易滿足需求,說明如下:

（1）垂直對齊

利用 Flexbox 的特性,可輕易對 row（列）和 column（欄）進行置頂、置中,與置底對齊等動作,兩種對齊方式說明如下:

◇ 方式 1:row 對齊

在 row 後面加入 `align-items-*` 類別,使整列進行置頂、置中或置底的對齊,可使用的類別與範例如下:

類別名稱	用途
align-items-start	置頂
align-items-center	置中
align-items-end	置底

```html
<div class="container">
    <div class="row align-items-start">
        <div class="col-sm-4">col-sm-4</div>
        <div class="col-sm-4">col-sm-4</div>
        <div class="col-sm-4">col-sm-4</div>
    </div>
    <div class="row align-items-center">
        <div class="col-sm-4">col-sm-4</div>
        <div class="col-sm-4">col-sm-4</div>
        <div class="col-sm-4">col-sm-4</div>
    </div>
    <div class="row align-items-end">
        <div class="col-sm-4">col-sm-4</div>
        <div class="col-sm-4">col-sm-4</div>
        <div class="col-sm-4">col-sm-4</div>
    </div>
</div>
```

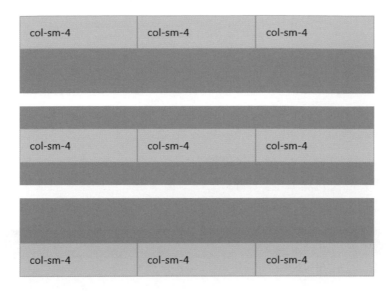

◇ 方式 2：對齊

在 col 後面加入 `align-self-*` 類別，單獨針對欄裡面的內容進行置頂、置中或置底的對齊，且彼此間都是獨立個體，不受彼此高度的改變而有所影響，可使用的類別與範例如下：

類別名稱	用途
align-self-start	置頂
align-self-center	置中
align-self-end	置底

```
<div class="container">
    <div class="row">
        <div class="col-sm-4 align-self-start">col-sm-4</div>
        <div class="col-sm-4 align-self-center">col-sm-4</div>
        <div class="col-sm-4 align-self-end">col-sm-4</div>
    </div>
</div>
```

（2）水平對齊

利用 Flexbox 的特性，在 row 後面加入 `justify-content-*` 類別，可輕易
對 row（列）裡面的 column（欄）進行各種水平對齊動作，可使用的類別與範
例如下：

類別名稱	用途
justify-content-start	靠左
justify-content-center	置中
justify-content-end	靠右
justify-content-around	分散對齊（含左右）
justify-content-between	分散對齊（不含左右）

```
<div class="container">
    <div class="row justify-content-start">
        <div class="col-sm-3">col-sm-3</div>
        <div class="col-sm-3">col-sm-3</div>
        <div class="col-sm-3">col-sm-3</div>
    </div>
    <div class="row justify-content-center">
        <div class="col-sm-3">col-sm-3</div>
        <div class="col-sm-3">col-sm-3</div>
        <div class="col-sm-3">col-sm-3</div>
    </div>
    <div class="row justify-content-end">
        <div class="col-sm-3">col-sm-3</div>
        <div class="col-sm-3">col-sm-3</div>
        <div class="col-sm-3">col-sm-3</div>
    </div>
    <div class="row justify-content-around">
        <div class="col-sm-3">col-sm-3</div>
        <div class="col-sm-3">col-sm-3</div>
```

```
        <div class="col-sm-3">col-sm-3</div>
    </div>
    <div class="row justify-content-between">
        <div class="col-sm-3">col-sm-3</div>
        <div class="col-sm-3">col-sm-3</div>
        <div class="col-sm-3">col-sm-3</div>
    </div>
</div>
```

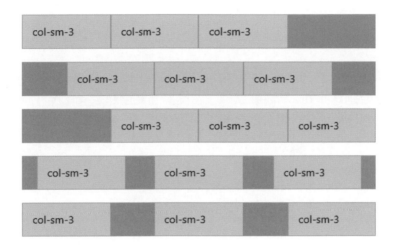

（3）分欄方式（Column breaks）

在 Flexbox 中，若要將既有的列拆分成新的一列時，可增加 `w-100` 類別作為中斷且換行，範例如下。

```
<div class="container">
 <div class="row">
  <div class="col-4">.col-4</div>
  <div class="col-4">.col-4</div>
  <div class="w-100"></div>
  <div class="col-4">.col-4</div>
  <div class="col-4">.col-4</div>
 </div>
</div>
```

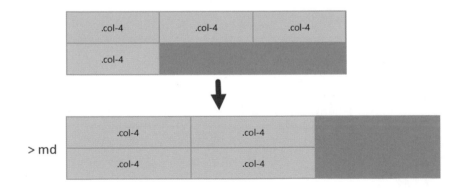

也可以採用響應式的 display 通用類別來達成在特定斷點進行換行。範例中透過 d-none 類別讓此 div 為隱藏狀態，當瀏覽器寬度超過 md 尺寸時此 div 改為 block 狀態，此時 w-100 類別的效果即可顯示出來，範例如下。

```
<div class="container">
  <div class="row">
    <div class="col-4">.col-4</div>
    <div class="col-4">.col-4</div>
    <div class="w-100 d-none d-md-block"></div>
    <div class="col-4">.col-4</div>
    <div class="col-4">.col-4</div>
  </div>
</div>
```

9.4.7 移除 gutter（間隙）

Bootstrap 的 row（列）與 column（欄）分別都使用 padding 當作 gutter（間隙）其寬度為 1.5rem (24px)，藉此使每個 column（欄）之間保有呼吸的空間。有時因為設計上需要呈現緊密的效果，因此工程師必須自行撰寫新的樣式來消除 gutter（間隙）或調整 gutter 尺寸，如今在 Bootstrap 5 中可搭配使用特定斷點的 gutter 類別來修改水平 gutter、垂直 gutter、以及所有的 gutter。

（1）水平 gutters

`.gx-*` 類別可以用來控制水平 gutter 的寬度。若使用較大的 gutters 要避免不必要的溢出，則需在 `.container` 或 `.container-fluid` 的父層使用匹配的 padding。例如，在下方範例中我們增加了 `.px-4` 類別來控制排版不超出父層範圍。

```
<div class="container px-4">
  <div class="row gx-5">
    <div class="col">自定義欄的 padding</div>
    <div class="col">自定義欄的 padding</div>
  </div>
</div>
```

為了避免調整因利用 `.gx-*` 類別而造成溢出的問題，可在 `.container` 或 `.container-fluid` 的中增加 `.overflow-hidden` 來避免此問題，範例如下。

```
<div class="container overflow-hidden">
  <div class="row gx-5">
    <div class="col">自定義欄的 padding</div>
    <div class="col">自定義欄的 padding</div>
  </div>
</div>
```

\\ 補充說明 //

若使用較小的 gutter width，可不需再另外使用 .overflow-hidden 包住其父層。

（2）垂直 gutters

.gy-* 類別可以控制垂直 gutter 的寬度。與水平 gutters 相同，垂直 gutters 會導致 .row 下方溢出頁尾。如果發生這種情況，可使用 .overflow-hidden 來避免次問題，範例如下。

```
<div class="container overflow-hidden">
  <div class="row gy-5">
    <div class="col-6">自定義欄的 padding</div>
    <div class="col-6">自定義欄的 padding</div>
    <div class="col-6">自定義欄的 padding</div>
    <div class="col-6">自定義欄的 padding</div>
  </div>
</div>
```

（3）行列式 gutters

Gutter 類別也可增加至行列，範例如下。

```
<div class="container overflow-hidden">
  <div class="row row-cols-2 row-cols-lg-4 g-2 g-lg-3">
    <div class="col">列與欄</div>
    <div class="col">列與欄</div>
    <div class="col">列與欄</div>
    <div class="col">列與欄</div>
    <div class="col">列與欄</div>
    <div class="col">列與欄</div>
    <div class="col">列與欄</div>
    <div class="col">列與欄</div>
  </div>
</div>
```

列與欄	列與欄
列與欄	列與欄
列與欄	列與欄
列與欄	列與欄

列與欄	列與欄	列與欄	列與欄
列與欄	列與欄	列與欄	列與欄

（4）移除 gutters

可使用 .g-0 刪除預定義網格類別中欄位間的 gutters。這將會移除 .row 的負值 margin 以及所有直屬子列的水平 padding。

```
<div class="container">
  <div class="row g-0">
    <div class="col-md-8">col-md-8</div>
    <div class="col-md-4">col-md-4</div>
  </div>
</div>
```

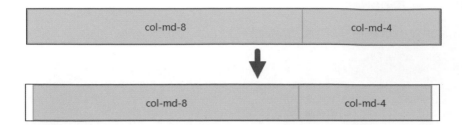

9.4.8 排序

（1）order（排序）

排列順序的規則為｛order- 欄位數｝，此規則在所有的斷點中都一視同仁；或者採用｛order- 斷點 - 欄位數｝規則，使 column 只針對特定的斷點尺寸進行排序調整，範例如下：

```
<div class="container">
    <div class="row">
        <div class="col-sm-4"> 我是第一個，不排序 </div>
        <div class="col-sm-4 order-12"> 我是第二個，但現在排在最後面 </div>
        <div class="col-sm-4 order-1"> 我是第三個，但現在排在最前面 </div>
    </div>
</div>
```

我是第一個，不排序	我是第三個，但現在排在最前面	我是第二個，但現在排在最後面

補充說明

同個 row 中，未採用 order 類別的 column 不會參與排序調整。

（2）欄的推移

在 Bootstrap 中除了可使用 {offset- 斷點 - 欄位數 } 來增加向左邊推移的欄位數外，還可使用 margin 的通用類別，如 .me-auto 將相鄰的欄位分離到另一邊，範例如下：

```
<div class="container">
  <div class="row">
    <div class="col-md-4">.col-md-4</div>
    <div class="col-md-4 ms-auto">.col-md-4 .ms-auto(向左 auto，靠右)</div>
  </div>
  <div class="row">
    <div class="col-md-3 ms-md-auto">.col-md-3 .ms-md-auto</div>
    <div class="col-md-3 ms-md-auto">.col-md-3 .ms-md-auto</div>
  </div>
  <div class="row">
    <div class="col-auto me-auto">.col-auto .me-auto(向右 auto，靠左)</div>
    <div class="col-auto">.col-auto</div>
  </div>
</div>
```

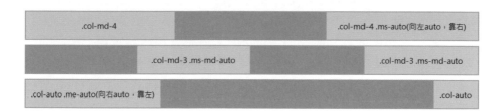

9.4.9 巢狀

在 column（欄）中再加入一組網格佈局，稱之為巢狀，其欄位數一樣為 1 ～ 12 格。在 column（欄）中所建立的網格一樣要遵循 row 和 {col- 斷點 - 欄位數 } 規則，範例如下：

```
<div class="container">
    <div class="row">
        <div class="col-sm-9">第一層：col-sm-9
            <div class="row">
                <div class="col-sm-4">第二層：col-sm-4</div>
                <div class="col-sm-4">第二層：col-sm-4</div>
                <div class="col-sm-12">第二層：col-sm-12</div>
            </div>
        </div>
        <div class="col-sm-3">第一層：col-sm-3</div>
    </div>
</div>
```

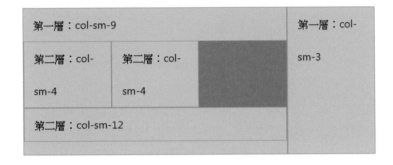

9.5 通用（輔助）類別

在切版過程中，一定會遇到很多地方要套用相同的樣式，如容器外距（margin）或內距（padding）的距離、不同情境的顏色、圖片置中對齊或響應式圖片、媒體的調整等。在眾多內容需調整的情況下，若針對各種內容撰寫 CSS 樣式來調整，勢必會增加開發時間，且這些樣式不見得可移植到其他專案中使用。因此，在撰寫 CSS 樣式時，會針對可被重複使用的內容撰寫樣式，方便在不同頁面中可重複使用。

Bootstrap 提供了一套通用（輔助）類別，其作用是將網頁中常被使用的調整樣式獨立出來，變成可隨時被使用的類別，方便於 HTML 標籤中直接套用，故工程師可省去撰寫這些調整樣式的時間，以加快切版的時程。若有 Bootstrap 無法滿足的部份，工程師還是得針對需求撰寫該樣式。

下列將針對 Bootstrap 所提供的通用類別進行說明。

9.5.1 Display

display 是設計 CSS 版面配置中最重要的屬性，每個 HTML 標籤都有一個預設的 display 值，不同的標籤會有不同的預設值，而大部分標籤的 display 屬性值是「區塊元素（block）」與「行內元素（inline）」其中一個。

以往都是透過 CSS 來改變標籤的 display 屬性值，在 Bootstrap 中已將這些屬性獨立成通用類別，讓工程師可直接在 HTML 中使用。

（1）符號

類別規則為 .d-{breakpoint}-{value}，如 .d-none、.d-sm-block、.d-md-inline-block 等，可使用的 breakpoint（斷點）與 value（屬性值），說明與使用範例如下：

➤ breakpoint 斷點

- none：寬度 <576px。

- sm：寬度 ≥576px。

- md：寬度 ≥768px。

- lg：寬度 ≥992px。

- xl：寬度 ≥1200px。

- xxl：寬度 ≥1400px。

\\\|///
\ 補充說明 //

Bootstrap 並沒有提供 <576px 尺寸時的類別名稱，因此規則上可省略 breakpoint 改以 .d-{property}。

➤ value（屬性值）

- none：不顯示且不會保留內容原本該顯示的空間。

- block：區塊元素。每個區塊都是新的一行。

- inline：行內元素。不換行並以並排顯示。

- inline-block：具有 block 與 inline 兩者特性。

- table：以表格概念顯示（類似 <table>），表格前後帶有換行符號。

- table-cell：以表格的儲存格顯示（類似 <td> 和 <th>）。

- table-row：以表格的列顯示（類似 <tr>）。

- flex：佈局方式與 block 類似，均會強迫換行，但在設定 display:flex 下的子元素則具備了更多彈性的版面配置設定。

- inline-flex：與 inline-block 類似，皆是一個 display:flex 的元素外面包覆 display:inline 的屬性，在後方的元素不會換行。

（2）顯示與隱藏

在響應式網頁中，有時為了使內容在不同尺寸載具中都具有良好的體驗，因此某些內容可能只會出現在電腦版的網頁中，在手機版中則隱藏不顯示；有時也會針對特定內容分別製作電腦版與手機版兩組內容，並在某斷點對兩組內容進行顯示與隱藏的切換。

上述的情況，均可透過 Bootstrap 所提供的輔助類別來控制內容的顯示與隱藏，輔助類別如下表：

螢幕尺寸	類別 Class
Hidden on all	`.d-none`
Hidden only on xs	`.d-none .d-sm-block`
Hidden only on sm	`.d-sm-none .d-md-block`
Hidden only on md	`.d-md-none .d-lg-block`
Hidden only on lg	`.d-lg-none .d-xl-block`
Hidden only on xl	`.d-xl-none .d-xxl-block`
Hidden only on xxl	`.d-xxl-none`
Visible only on xs	`.d-block .d-sm-none`

螢幕尺寸	類別 Class
Visible only on sm	`.d-none .d-sm-block .d-md-none`
Visible only on md	`.d-none .d-md-block .d-lg-none`
Visible only on lg	`.d-none .d-lg-block .d-xl-none`
Visible only on xl	`.d-none .d-xl-block .d-xxl-none`
Visible only on xxl	`.d-none .d-xxl-block`

9.5.2 Flex

Flexbox 是 CSS 3 的新屬性，作用如同一個伸縮自如的盒子。因應 CSS 3 的普及以及響應式網頁的興起，使得 Flexbox 屬性的特性更適合現今的響應式網頁。最初被設計出來的主要原因是為了提供更有效率的方式來完成早期 CSS 無法輕易達成的效果，如垂直置中。

Flexbox 與一般盒子模型不同的地方在於，它具有水平的起點與終點（main start、main end），垂直的起點與終點（cross start、cross end），水平軸與垂直軸（main axis、cross axis），以及元素具有水平尺寸與垂直尺寸（main size、cross size），這些屬性均可在網頁佈局時更加方便與靈活。

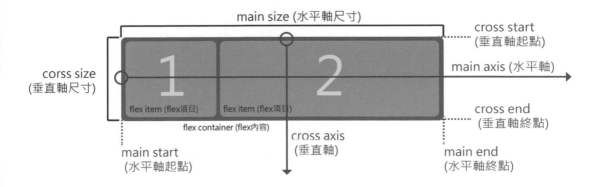

圖中各關鍵字說明如下：

> ➤ main axis：為 Flexbox 的水平軸線，所有的 Flex item 都會沿著 main axis 排列。main start 與 main end，表示為 main axis 的起點邊界與終點邊界。

➤ main size：Flexbox 的寬度，方向依照 flex-direction 的值決定。

➤ cross axis：為 Flexbox 的垂直軸線，所有的 Flex item 都會沿著 cross axis 排列。cross start 與 cross end，表示為 cross axis 的起點邊界與終點邊界。

➤ cross size：Flexbox 的高度，方向依照 flex-direction 的值決定。

在 Flexbox 的版面配置中，所有內容的位置都是相對於上面所述的兩個主軸，隨著方向改變，所有的 flex item 位置也會有所變化。Flexbox 可使用的屬性說明如下：

（1）啟用 Flex

當將 display 的屬性值設定為 flex 屬性後，可使子元素擁有更多彈性的配置調整。此外 inline-flex 屬性與 inline-block 特色雷同，涵義上皆為在 display:flex 的元素外層包覆 display:inline 的屬性，使元素不會換行。

類別規則為 `.d-{breakpoint}-{property}`，如 .d-flex、.d-sm-flex、.d-md-inline-flex 等，可使用的 breakpoint（斷點）與 property（屬性），說明與使用範例如下：

◇ breakpoint 斷點

➤ 無（不須撰寫）：寬度 <576px。

➤ sm：寬度 ≥576px。

➤ md：寬度 ≥768px。

➤ lg：寬度 ≥992px。

➤ xl：寬度 ≥1200px。

➤ xxl：寬度 ≥1400px。

◇ property（屬性）

➤ flex：與區塊元素（block）雷同。

➤ inline-flex：與行內元素（inline）雷同。

屬性：d-flex

123LearnGo

屬性：d-inline-flex

123LearnGo

（2）flex-direction（方向性）

此屬性決定了 main axis 的方向，也代表著所有 flex item 內容的排列方向。網頁在正常的情況下均以從左至右，由上至下的方式進行排列，但有時在特殊的情況下會需要改變此設定值來調整排列方向。

類別規則為 .flex-{breakpoint}-{property}，如 .flex-row、.flex-sm-row-reverse、.flex-md-column 等，可使用的 breakpoint（斷點）與 property（屬性），說明與使用範例如下：

◈ breakpoint 斷點

➤ 無（不須撰寫）：寬度 <576px。

➤ sm：寬度 ≥576px。

➤ md：寬度 ≥768px。

➤ lg：寬度 ≥992px。

➤ xl：寬度 ≥1200px。

➤ xxl：寬度 ≥1400px。

◈ property（屬性）

➤ row：預設值，main axis 方向從左至右。

➤ row-reverse：main axis 方向從右至左。

➤ column：方向從上至下。

➤ column-reverse：方向從下至上。

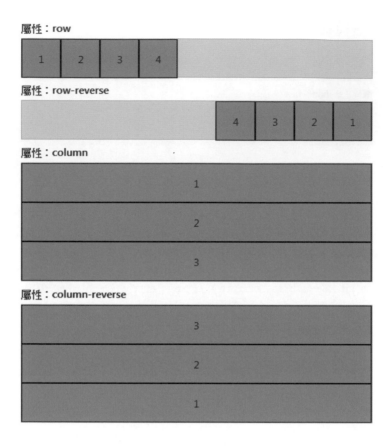

（3）justify-content（調整內容）

此屬性決定了 flex item 在 main axis 上的水平對齊位置。它會依照賦予的屬性
值來分配多餘的空白空間，此屬性會依照 main start 與 main end 進行對齊設
定。

類 別 規 則 為 `.justify-content-{breakpoint}-{property}`，如 justify-
content-start、justify-content-sm-end、justify-content-md-end 等，可使用
的 breakpoint（斷點）與 property（屬性），說明與使用範例如下：

◇ breakpoint 斷點

➤ 無（不須撰寫）：寬度 <576px。

➤ sm：寬度 ≥576px。

➤ md：寬度 ≥768px。

➤ lg：寬度 ≥992px。

➤ xl：寬度 ≥1200px。

➤ xxl：寬度 ≥1400px。

◇ property（屬性）

➤ start：預設值，對齊最左邊的 main start。

➤ end：對齊最右邊的 main end。

➤ center：水平置中。

➤ between：將空白平均分配到所有 item，第一個 item 對齊最左邊的 main-start；最後一個 item 對齊最右邊的 main-end。

➤ around：將空白平均分配到所有 item，間距為平均分配。

➤ evenly：容器中的每個元素之間的間隔相等。

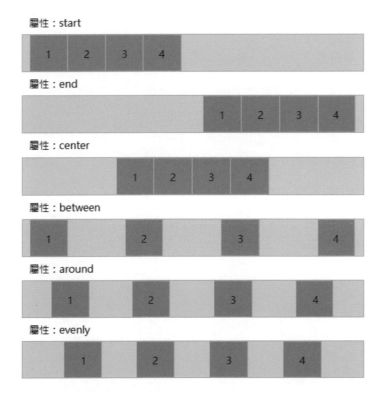

（4）align-items（對齊物件）

此屬性與 justify-content 相反，可定義 flex item 在 cross axis 上的垂直對齊位置，此屬性會依照 cross start 與 cross end 進行對齊設定。

類別規則為 `.align-items-{breakpoint}-{property}`，如 .align-items-start、.align-items-sm-end、.align-items-md-center 等，可使用的 breakpoint（斷點）與 property（屬性），說明與使用範例如下：

◈ breakpoint 斷點

➤ 無（不須撰寫）：寬度 <576px。

➤ sm：寬度 ≥576px。

➤ md：寬度 ≥768px。

➤ lg：寬度 ≥992px。

➤ xl：寬度 ≥1200px。

➤ xxl：寬度 ≥1400px。

◈ property（屬性）

➤ start：預設值，對齊最上方的 cross start。

➤ end：對齊最下方的 cross end。

➤ center：垂直置中。

➤ baseline：以所有 item 的基準線作為對齊標準。

➤ stretch：將全部 item 伸縮至 Flexbox 的高度，等同將多餘的空間補滿。

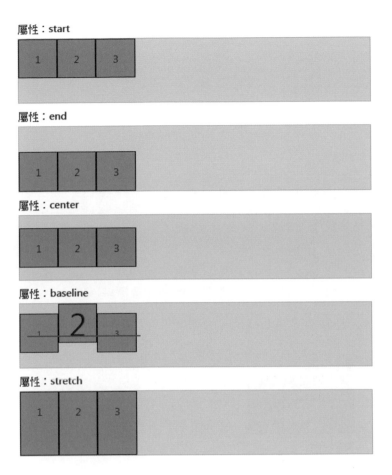

（5）align-self（自身對齊）

此屬性的設定與 align-items 相同但目的不同。align-items 作用是針對底下的所有子元素產生作用；反之，此屬性是針對自己來定義在 cross axis 上的垂直對齊位置，此屬性會依照 cross start 與 cross end 進行對齊設定。

類別規則為 `.align-self-{breakpoint}-{property}`，如 .align-self-start、.align-self-sm-end、.align-self-md-center 等，可使用的breakpoint(斷點)與 property（屬性），說明與使用範例如下：

◇ breakpoint 斷點

➤ 無（不須撰寫）：寬度 <576px。

➤ sm：寬度 ≥576px。

- md：寬度 ≥768px。

- lg：寬度 ≥992px。

- xl：寬度 ≥1200px。

- xxl：寬度 ≥1400px。

◇ property（屬性）

- start：預設值，對齊最上方的 cross start。

- end：對齊最下方的 cross end。

- center：垂直置中。

- baseline：依照各個 item 的基準線作為對齊標準。

- stretch：自動伸縮至 Flexbox 的高度，等同將多餘的空間補滿。

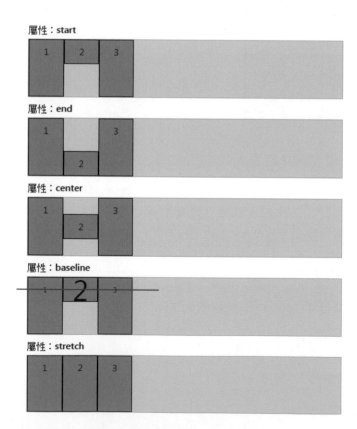

（6）Fill（填滿）

在容器中的元素上使用 `.flex-fill` 類別可強制設定它們的寬度與內容相等，同時佔用所有可用的水平空間。類別規則為 `.flex-{breakpoint}-fill`，如 flex-fill、flex-sm-fill、flex-md-fill 等，可使用的 breakpoint（斷點），說明與使用範例如下：

◈ breakpoint 斷點

- ➤ 無（不須撰寫）：寬度 <576px。

- ➤ sm：寬度 ≥576px。

- ➤ md：寬度 ≥768px。

- ➤ lg：寬度 ≥992px。

- ➤ xl：寬度 ≥1200px。

- ➤ xxl：寬度 ≥1400px。

```
<div class="container">
  <div class="d-flex">
    <span class="flex-fill">How</span>
    <span class="flex-fill">Are</span>
    <span class="flex-fill">You ? </span>
  </div>
</div>
```

（7）Grow and shrink（伸縮值）

使用 `.flex-grow-*` 通用類別來切換 flex 項目彈性增長、填充可用空間的能力。

類別規則為 `.flex-{breakpoint}-{grow | shrink}-{0 | 1}`，如 flex-{grow|shrink}-0、.flex-{grow|shrink}-1、.flex-sm-{grow|shrink}-0、.flex-sm-{grow|shrink}-1 等，說明與使用範例如下：

◇ breakpoint 斷點

➤ 無（不須撰寫）：寬度 <576px。

➤ sm：寬度 ≥576px。

➤ md：寬度 ≥768px。

➤ lg：寬度 ≥992px。

➤ xl：寬度 ≥1200px。

➤ xxl：寬度 ≥1400px。

◇ grow

在下列範例中，`.flex-grow-1` 元素使用它可以使用的所有可用空間，同時允許剩餘的兩個 flex 物件保留必要的空間。

```
<div class="container">
  <div class="d-flex">
    <span class="flex-grow-1">1</span>
    <span>2</span>
    <span>3</span>
  </div>
</div>
```

◇ shrink

`.flex-shrink-*` 類別可用於切換項目的伸縮能力。如下列範例中帶有 `.flex-shrink-1` 的第一個 flex 項目的文字內容會被強制換行，藉由「收縮」以便為帶有 `.w-100` 類別的 flex 項目留出更多空間。

```
<div class="container">
 <div class="d-flex">
  <span class="flex-shrink-1">1</span>
  <span class="w-100">2</span>
```

```
    <span>3</span>
  </div>
</div>
```

（8）Auto margins（自動的 margins）

當混合使用 Flex 對齊與 auto margin 時，可透過自動 margin 來控制 flex 項目，
說明與使用範例如下：

```
<div class="container">
  <h6> 預設（無自動 margin）</h6>
  <div class="d-flex">
    <span>Flex item</span>
    <span>Flex item</span>
    <span>Flex item</span>
  </div>
  <h6> 向右推兩個項目 (.me-auto)</h6>
    <div class="d-flex">
    <span class="me-auto">Flex item</span>
    <span>Flex item</span>
    <span>Flex item</span>
  </div>
  <h6> 向左推兩個項目 (.ms-auto)</h6>
  <div class="d-flex">
    <span>Flex item</span>
    <span>Flex item</span>
    <span class="ms-auto">Flex item</span>
  </div>
</div>
```

預設（無自動 margin）

Flex item　Flex item　Flex item

向右推兩個項目 (.me-auto)

Flex item　　　　　　　　　　　Flex item　Flex item

向左推兩個項目 (.ms-auto)

Flex item　Flex item　　　　　　　　　　　Flex item

（9）With align-items（搭配 align-items）

混合以下類別 align-items、flex-direction: column，和 margin-top: auto 或 margin-bottom: auto，會將一個 flex 項目移動到容器的頂部或底部，說明與使用範例如下：

```
<div class="container">
<h6> 起始點的垂直分離 </h6>
<div class="row">
<div class="d-flex align-items-start flex-column">
<span class="mb-auto">Flex item</span>
<span>Flex item</span>
<span>Flex item</span>
</div>
</div>
<h6> 結束點的垂直分離 </h6>
<div class="row">
<div class="d-flex align-items-end flex-column">
<span>Flex item</span>
<span>Flex item</span>
<span class="mt-auto">Flex item</span>
</div>
</div>
</div>
```

起始點的垂直分離

結束點的垂直分離

（10）wrap

此屬性可約束父元素底下的子元素換行狀態。類別規則為 .flex-{breakpoint}-{property}，如 flex-nowrap、flex-lg-wrap、flex-wrap-reverse 等，可使用的 breakpoint（斷點）與 property（屬性），說明與使用範例如下：

◇ breakpoint 斷點

➤ 無（不須撰寫）：寬度 <576px。

➤ sm：寬度 ≥576px。

➤ md：寬度 ≥768px。

➤ lg：寬度 ≥992px。

➤ xl：寬度 ≥1200px。

➤ xxl：寬度 ≥1400px。

◇ property（屬性）

➤ no-wrap：預設值，單行不換行。

➤ wrap：換行，多行。

➤ wrap-reverse：換行，但內容會由下往上排列。

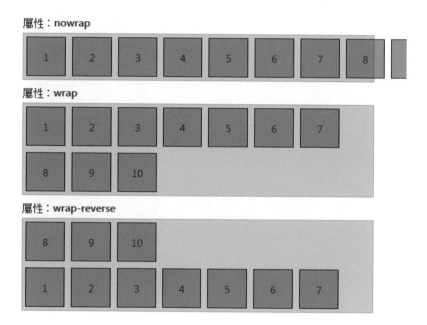

（11）order（排序）

此屬性具有不用修改 HTML 結構就能更動元素位置的能力。一般來說，每個 item 都是依照在 HTML 中的排列順序出現，但此屬性可控制元素出現的先後順序，數值越小的排越前面。

類別規則為 `.order-{breakpoint}-{number | first | last}`，如 `.order-1`、`.order-md-2`、`.order-lg-5` 等，可使用的 breakpoint（斷點）與 property（屬性），說明與使用範例如下：

◈ breakpoint 斷點

> 無（不須撰寫）：寬度 <576px。

> sm：寬度 ≥576px。

> md：寬度 ≥768px。

> lg：寬度 ≥992px。

> xl：寬度 ≥1200px。

> xxl：寬度 ≥1400px。

◈ number（數值）

> 可使用數值範圍：0 ～ 5。

> first：為透過 order: -1，將其順序強制移到第一個。

> last：為透過 order: 6，將其順序強制移到最後一個。

（12）align-content（對齊內容）

此屬性是針對內容為單行的元素進行處理，若遇到需要換行時，可改採用 align-content 屬性。此屬性相當於 justify-content 與 align-items 的綜合版，不過它排列的是整個內容，排列對應的軸是 cross axis 而非 main-axis，當 main axis 沒換行時，此屬性不會有作用。在使用上可搭配 flex-wrap: wrap; 屬性。

類別規則為 .align-content-{breakpoint}-{property}，如 .align-content-start、.align-content-sm-end、.align-content-md-center 等，可使用的 breakpoint（斷點）與 property（屬性），說明與使用範例如下：

◇ breakpoint 斷點

➤ 無（不須撰寫）：寬度 <576px。

➤ sm：寬度 ≥576px。

➤ md：寬度 ≥768px。

➤ lg：寬度 ≥992px。

➤ xl：寬度 ≥1200px。

➤ xxl：寬度 ≥1400px。

◇ property（屬性）

➤ start：預設值，對齊最上方的 cross start。

➤ end：對齊最下方的 cross end。

➤ center：垂直置中。

➤ between：將第一行與最後一行分別對齊最上方與最下方。

➤ around：每行平均分配間距。

➤ stretch：將全部 item 伸縮至 Flexbox 的高度，等同將多餘的空間補滿。

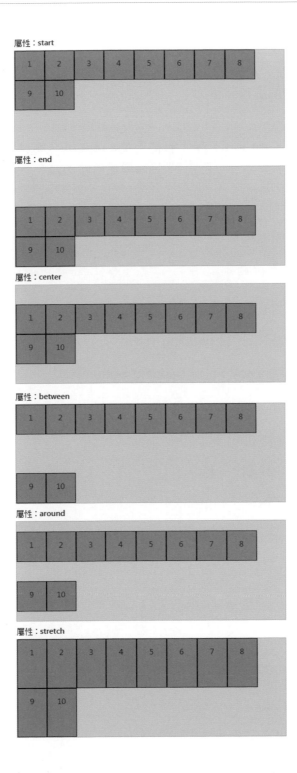

9.5.3 間隔（Spacing）

在撰寫 CSS 樣式時，常會利用 margin 或 padding 這兩個屬性來對元素的上、下、左、右四個方向進行調整。

類別規則為 `.{property}{sides}-{breakpoint}-{size}`，如 .m-1、.mt-1、. m-sm-1、.mt-md-1 等，可使用的 property（屬性）、side（邊緣）、breakpoint（斷點）與 size（尺寸），説明與使用範例如下：

◇ property 屬性

- ➤ m：margin 的縮寫。

- ➤ p：padding 的縮寫。

◇ sides 邊緣 / 方向

- ➤ t：表示 margin-top 或 padding-top。

- ➤ b：表示 margin-bottom 或 padding-bottom。

- ➤ s：表示 margin-left 或 padding-left。

- ➤ e：表示 margin-right 或 padding-right。

- ➤ x：會設定 *-left 和 *-right。

- ➤ y：會設定 *-top 和 *-bottom。

- ➤ 空白：如果未加入邊緣類別，則表示上下左右四個邊緣。

◇ breakpoint 斷點

- ➤ 無（不須撰寫）：寬度 <576px。

- ➤ sm：寬度 ≥576px。

- ➤ md：寬度 ≥768px。

- ➤ lg：寬度 ≥992px。

- ➤ xl：寬度 ≥1200px。

➤ xxl：寬度 ≥1400px。

◇ size 尺寸

➤ 0：margin 或 padding 於 1rem * 0。

➤ 1：margin 或 padding 於 1rem * 0.25。

➤ 2：margin 或 padding 於 1rem * 0.5。

➤ 3：margin 或 padding 於 1rem。

➤ 4：margin 或 padding 於 1rem * 1.5。

➤ 5：margin 或 padding 於 1rem * 3。

➤ 6：auto：margin 為 auto。

\\\\//
補充說明 //

Bootstrap 中，預設 1rem = 16px。

\\\\//
補充說明 //

Bootstrap 還包括一個 .mx-auto 類別，用於將固定寬度的元素內容水平置中（也就是具有 display: block、本身設有 width 的內容），是透過將水平 margin 設置為 auto 達成。

◇ HTML

```
<div class="container">
  <div class="row no-gutters">
    <div class="col-6 p-sm-5">
      <img src="./img/logo.png" alt="logo">
    </div>
    <div class="col-6">
      <img src="./img/logo.png" alt="logo" class="ms-5">
    </div>
    <div class="col-12">
      <img src="./img/logo.png" alt="logo" class="mx-auto">
```

```
    </div>
  </div>
</div>
```

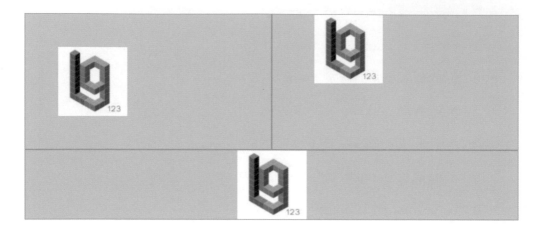

9.5.4 可視性（Visibility）

除了可用 `display:none;` 來隱藏元素外，還可利用 `visibility` 屬性來處理元素的可視性。兩者最大的差異是，visibility 可完全隱藏元素內容且不顯示於 HTML 文件中，故不影響頁面的佈局；反之 invisible 雖可隱藏，但元素所佔用的位置依然存在於 HTML 文件中，因此會影響頁面的佈局。

在 HTML 中可搭配的類別有 `.visible`（顯示）或 `.invisible`（隱藏）兩種，使用範例如下：

◇ HTML

```html
<div class="container">
    <div class="row">
        <div class="col-sm-5 visible">
            <img src="./images/logo.jpg" alt="logo">
        </div>
        <div class="col-sm-7">
            <h1 class="invisible">123LearnGo</h1>
            <h3>讓學習成為一種習慣</h3>
        </div>
    </div>
</div>
```

9.5.5 文字（Text）

在文字通用類別部分，可用來控制對齊、圍繞、字體粗細等調整，可運用的控制說明如下。

（1）對齊方向

除了使用 text-justify 來為文字進行分散對齊外，還可透過其他類別來對文字進行靠左、靠右與置中對齊，以及在不同斷點中的對齊，可使用的類別如下表。

類別規則為 `.text-{breakpoint}-{property}`，如 .text-start、.text-center、.text-sm-start、.text-xl-end 等，可使用的 breakpoint（斷點）與 property（屬性），說明與使用範例如下：

◈ breakpoint 斷點

- ➤ 無（不須撰寫）：寬度 <576px。

- ➤ sm：寬度 ≥576px。

- ➤ md：寬度 ≥768px。

- ➤ lg：寬度 ≥992px。

- ➤ xl：寬度 ≥1200px。

- ➤ xxl：寬度 ≥1400px。

◇ property（屬性）

➤ start：預設值，靠左對齊。

➤ center：置中對齊。

➤ end：靠右對齊。

◇ HTML

```
<div class="container">
    <div class="row">
        <div class="col-sm-12">
            <h1 class="text-sm-end">123LearnGo</h1>
            <p class="text-sm-center"> 讓學習成為一種習慣 </p>
        </div>
    </div>
</div>
```

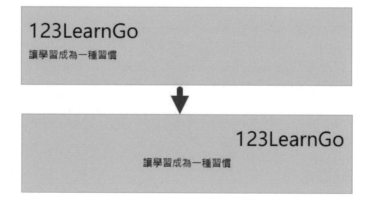

（2）text-wrap 和 Overflow

文字排版在預設狀態下會根據父元素的框架寬度自動換行，但有時因為某種設計需求，必須限定容器中的文字不會自動換行，此時可使用 .text-nowrap 類別來防止換行動作，套用此類別後會使容器出現捲軸，另外若父元素的寬度有固定尺寸，希望文字長度不超過父元素而自動換行時可使用 .text-wrap 類別來包覆文字。

◇ HTML

```
<div class="container">
    <div class="row">
        <div class="col-3 text-nowrap">
            <h3>讓學習成為一種習慣</h3>
        </div>
        <div class="col-8">
            <img src="./images/logo.jpg" alt="logo">
        </div>
    </div>
</div>
```

在目前常見的設計中，某些內容會限制元素可呈現的字數，如在最新消息列表中，除了公告標題以外還會呈現公告內容，此時公告內容就需要限制字數，並非在列表中就呈現公告的完整內容。

想呈現此種結果，可使用 `.text-truncate` 類別來截掉多餘的內容，而被截掉的內容會自動以 `...` 取代。在使用此類別的前提之下，必須在 HTML 或 CSS 中搭配 `display:inline-block` 或 `display:block`，以及父容器要具有寬度的限制。

◇ HTML

```
<div class="container">
    <div class="row">
        <div class="col-sm-3">
            <h3 class="text-truncate">123LearnGo</h3>
```

```
        </div>
        <div class="col-sm-8">
            <h3 class="d-inline-block text-truncate" style="max-width:
200px;">讓學習成為一種習慣 </h3>
        </div>
    </div>
</div>
```

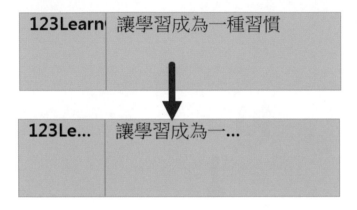

（3）英文大小寫轉換

在以英文為主的網頁中，Bootstrap 提供了單字大小寫的轉換類別，說明與使用範例如下：

> ➤ 大寫轉小寫：text-lowercase。

> ➤ 小寫轉大寫：text-uppercase。

> ➤ 字首轉大寫：text-capitalize。

◇ HTML

```
<div class="container">
    <div class="row">
        <div class="col-sm-12">
            <p>大寫轉小寫（LEARN GO）:<span class="text-lowercase">
LEARN GO</span></p>
            <p>小寫轉大寫（learn go）:<span class="text-uppercase">
learn go</span></p>
            <p>字首轉大寫（Learn go）:<span class="text-capitalize">
```

```
Learn go</span></p>
        </div>
    </div>
</div>
```

大寫轉小寫〈LEARN GO〉：learn go

小寫轉大寫〈learn go〉：LEARN GO

字首轉大寫〈Learn go〉：Learn Go

（4）字體粗細和斜體

在文字的粗體、預設與斜體等樣式修改上通常會使用 font-weight 或 font-style 來做調整。Bootstrap 所提供的類別規則為 `.fw-{property}` 或 `.fst-{property}`。如 .fw-bold、.fw-normal、.fst-italic 等，可使用的 property（屬性），說明與使用範例如下：

◇ property（屬性）

➤ normal：預設字體厚度。

➤ bold：常用的粗體字。

➤ bolder：比粗體更粗一點。

➤ lighter：比一般字體更細。

➤ italic：斜體。

◇ HTML

```
<div class="container">
    <div class="row">
        <div class="col-sm-12">
            <p>粗體：<span class="fw-bold">learn go</span></p>
            <p>一般：<span class="fw-normal">learn go</span></p>
            <p>斜體：<span class="fst-italic">learn go</span></p>
        </div>
    </div>
</div>
```

粗體：**learn go**

一般：learn go

斜體：*learn go*

9.5.6 尺寸（Sizing）

使用寬度和高度的調整類別，可為一個元素增加寬度或高度，元素所增加的尺寸會以父容器的實際寬度與高度尺寸為主。

類別規則為 `.{property}-{size}`，如 `.w-25`、`.h-50` 等，可使用的 property（屬性）與 size（尺寸），說明與使用範例如下：

◈ property 屬性

　➤ w：表示 width（寬度）。

　➤ h：表示 height（高度）。

◈ size 尺寸

　➤ 25%。

　➤ 50%。

　➤ 75%。

　➤ 100%。

◈ HTML

```
<div class="container">
    <div class="row">
        <div class="col-sm-12">
            <p class="w-25"> 讓學習成為一種習慣（寬度 :25%）</p>
            <p class="w-50"> 讓學習成為一種習慣（寬度 :50%）</p>
            <p class="w-75"> 讓學習成為一種習慣（寬度 :75%）</p>
            <p class="w-100"> 讓學習成為一種習慣（寬度 :100%）</p>
        </div>
    </div>
</div>
```

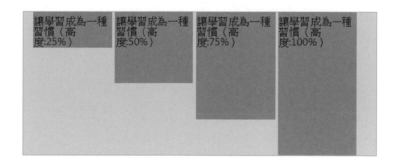

◇ HTML

```
<div class="container">
    <div class="row">
        <div class="col-sm-12">
            <p class="h-25">讓學習成為一種習慣（高度：25%）</p>
            <p class="h-50">讓學習成為一種習慣（高度：50%）</p>
            <p class="h-75">讓學習成為一種習慣（高度：75%）</p>
            <p class="h-100">讓學習成為一種習慣（高度：100%）</p>
        </div>
    </div>
</div>
```

另外，也可直接使用 mw-100（max-width 最大寬度）或 mh-100（max-height 最大高度）調整元素的最大尺寸，此兩類別只有 100 的數值可使用。

9.5.7 顏色（Colors）

無論文字或背景，適時的透過顏色來表達，可使元素更具有意義，這也包含 hover（滑入）時的狀態，在文字與背景中可使用的顏色類別如下：

（1）靜態文字與連結文字

Bootstrap 所提供的輔助顏色共有 10 種，其顏色名稱都具有含意。

針對文字部分，在「靜態」與「超連結」兩種狀態下有些許不同。

類別規則為 .text-{color}，如 .text-primary、.text-secondary、.text-danger 等，可使用的 color（顏色），説明與使用範例如下：

◈ color（顏色）

1. primary。

2. secondary。

3. success。

4. danger。

5. warning。

6. info。

7. light。

8. dark。

9. muted。

10. white。

◈ HTML

```
<div class="container">
    <div class="row">
        <div class="col-sm-12">
            <p class="text-primary">.text-primary</p>
            <p class="text-secondary">.text-secondary</p>
            <p class="text-success">.text-success</p>
            <p class="text-danger">.text-danger</p>
            <p class="text-warning">.text-warning</p>
            <p class="text-info">.text-info</p>
            <p class="text-light bg-dark">.text-light</p>
            <p class="text-dark">.text-dark</p>
            <p class="text-muted">.text-muted</p>
            <p class="text-white bg-dark">.text-white</p>
        </div>
    </div>
</div>
```

此外，Bootstrap 已針對文字顏色類別在具有超連結功能時的 hover（滑入）與 focus（聚焦）兩狀態顏色進行調整。需注意的是 `.text-white` 並沒有連結樣式，使用範例如下：

◇ HTML

```
<div class="container">
    <div class="row">
        <div class="col-sm-12">
            <p><a href="#" class="text-primary">Primary link</a></p>
            <p><a href="#" class="text-secondary">Secondary link</a></p>
            <p><a href="#" class="text-success">Success link</a></p>
            <p><a href="#" class="text-danger">Danger link</a></p>
            <p><a href="#" class="text-warning">Warning link</a></p>
            <p><a href="#" class="text-info">Info link</a></p>
            <p><a href="#" class="text-light bg-dark">Light link</a></p>
            <p><a href="#" class="text-dark">Dark link</a></p>
            <p><a href="#" class="text-muted">Muted link</a></p>
            <p><a href="#" class="text-white bg-dark">White link</a></p>
        </div>
    </div>
</div>
```

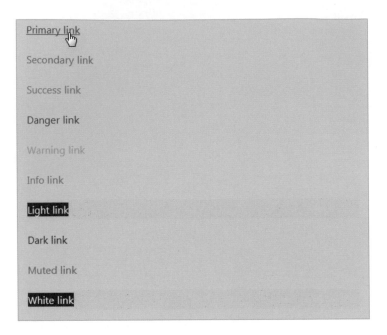

（2）情境背景

此類別作用與文字顏色的意義雷同，差別在於此類別主要是為容器加上背景顏色。類別規則為 .bg-{color}，如 .bg-primary、.bg-secondary、.bg-danger 等，可使用的 color（顏色）與情境文字相同，使用範例如下：

◇ HTML

```
<div class="container">
    <div class="row">
        <div class="col-sm-12">
            <div class="p-1 mb-2 bg-primary text-white">.bg-primary</div>
            <div class="p-1 mb-2 bg-secondary text-white">.bg-secondary</div>
            <div class="p-1 mb-2 bg-success text-white">.bg-success</div>
            <div class="p-1 mb-2 bg-danger text-white">.bg-danger</div>
            <div class="p-1 mb-2 bg-warning text-white">.bg-warning</div>
            <div class="p-1 mb-2 bg-info text-white">.bg-info</div>
            <div class="p-1 mb-2 bg-light text-gray-dark">.bg-light</div>
            <div class="p-1 mb-2 bg-dark text-white">.bg-dark</div>
            <div class="p-1 mb-2 bg-white text-gray-dark">.bg-white</div>
        </div>
    </div>
</div>
```

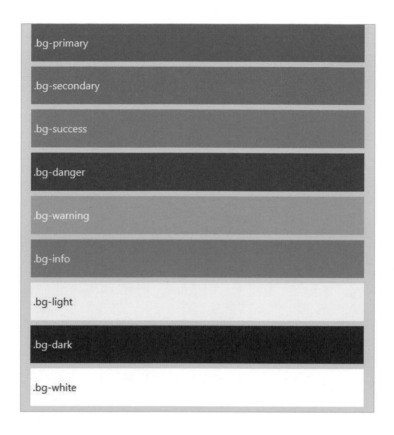

9.5.8 邊框（Borders）

Bootstrap 針對邊框提供了相關類別，讓開發者可定義邊框方向（border）、邊框顏色（border color）與圓角（border-radius）三種狀態，這些類別可應用在圖片、按鈕或其他元素中。說明如下：

（1）Border 邊框－增加

類別規則為 `.border-{property}`，如 `.border`、`.border-top`、`.border-left` 等，可使用的 property（屬性），說明與使用範例如下：

◇ property（屬性）

> ➤ 無（不須撰寫）：未添加方向屬性時，表示四個方向都具有邊框。

> ➤ top：方向為上。

➤ bottom：方向為下。

➤ left：方向為左。

➤ right：方向為右。

◈ HTML

```
<div class="container">
    <div class="row">
        <div class="col-sm-12 pt-3">
            <span class="border"></span>
            <span class="border-top"></span>
            <span class="border-bottom"></span>
            <span class="border-left"></span>
            <span class="border-right"></span>
        </div>
    </div>
</div>
```

╲╲╲╲╲
\\ 補充說明 //

Bootstrap 在 border 類別中所使用的顏色為 #dee2e6，但此顏色在顯示上較不明顯，
為了讓各位讀者看清楚效果，筆者調整了邊框顏色。

（2）Border 邊框－減少

類別規則為 `.border-{property}-{number}`，如 `.border`、`.border-top-0`、
`.border-left-0` 等，可使用的 property（屬性）與 number（數值），說明與使用
範例如下：

◈ property（屬性）

➤ 無（不須撰寫）：未添加方向屬性時，表示四個方向都具有邊框。

➤ top：方向為上。

➤ bottom：方向為下。

➤ left：方向為左。

➤ right：方向為右。

◈ number（數值）

➤ 0：表示無邊框。

\\\\\ ///
\\ 補充說明 //

number 屬性主要用意為移除邊框，因此 number 數值的範圍僅以 0 為主，數值本身不具可添加邊框粗細的效果，邊框粗細還是需搭配 CSS 樣式。

◈ HTML

```html
<div class="container">
    <div class="row">
        <div class="col-sm-12 pt-3">
            <span class="border-0"></span>
            <span class="border-top-0"></span>
            <span class="border-bottom-0"></span>
            <span class="border-left-0"></span>
            <span class="border-right-0"></span>
        </div>
    </div>
</div>
```

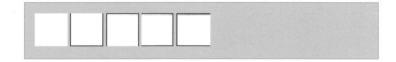

（3）Border Color 邊框顏色

在邊框顏色的部分，目的為透過顏色的表現使邊框具有不同的含意，使用範例如下：

◈ HTML

```
<div class="container">
    <div class="row">
        <div class="col-sm-12 pt-3">
            <span class="border border-primary"></span>
            <span class="border border-secondary"></span>
            <span class="border border-success"></span>
            <span class="border border-danger"></span>
            <span class="border border-warning"></span>
            <span class="border border-info"></span>
            <span class="border border-light"></span>
            <span class="border border-dark"></span>
            <span class="border border-white"></span>
        </div>
    </div>
</div>
```

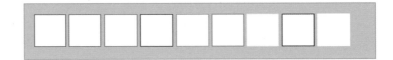

（4）Border-radius 圓角

網頁中預設的樣式皆為直角，但直角往往會給人剛硬的感覺，而圓角則可讓元素表現出柔和的感覺。在圓角類別的使用上可針對元素的某個角度或整體進行調整。

Bootstrap 所提供的可用類別規則為 `.rounded-{property}`，如 .rounded、.rounded-top、.rounded-0 等，可使用的 property（屬性），說明與使用範例如下：

◈ property（屬性）

➤ 無（不須撰寫）：未添加方向屬性時，表示四個方向都產生圓角。

➤ top：左上與右上。

➤ bottom：左下與右下。

➤ start：左上與左下。

➤ end：左下與右下。

➤ circle：改以圓形呈現。

➤ 0：移除圓角，四個角落改以直角呈現。

◇ HTML

```
<div class="container">
    <div class="row">
        <div class="col-sm-12 pt-3">
            <span class="rounded"></span>
            <span class="rounded-top"></span>
            <span class="rounded-end"></span>
            <span class="rounded-bottom"></span>
            <span class="rounded-start"></span>
            <span class="rounded-circle"></span>
            <span class="rounded-0"></span>
        </div>
    </div>
</div>
```

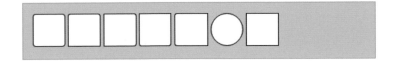

（5）Border-width 邊框寬度

在邊框的尺寸預設為 1 px，考量到呈現效果上有時需要較粗的邊框，使效果更加明顯。

Bootstrap 所 提 供 的 類 別 規 則 為 `.border-{number}`，如 .border-1 或 .border-3 等，可使用的 number（數值），說明與使用範例如下：

◇ number（屬性）

➤ 1：寬度為 1px。

➤ 2：寬度為 1px。

➤ 3：寬度為 3px。

➤ 4：寬度為 4px。

➤ 5：寬度為 5px。

補充說明

.border-{number} 類別只提供邊框粗細的樣式，因此需搭配 .border 類別使用，才可顯示出效果。

◇ HTML

```html
<div class="container">
  <div class="row">
    <div class="col-12">
      <span class="border border-1"></span>
      <span class="border border-2"></span>
      <span class="border border-3"></span>
      <span class="border border-4"></span>
      <span class="border border-5"></span>
    </div>
  </div>
</div>
```

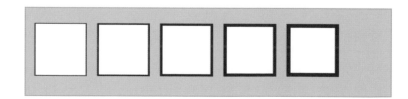

9.5.9 清除浮動（Clearfix）

使用 float 浮動元素進行排版時，常會遇到父元素高度與元素高度不同的問題。如果 float 元素的總高度不變，最簡單的解決方式是直接給父元素一個高度值即可，但大部分情況是浮動元素的高度和數量都不固定，因此給父元素高度的辦法是不可行，這時解決辦法為使用 clearfix 的 css hack 來清除浮動。

下列範例顯示了當使用清除浮動類別，則綠色的背景可正常呈現；若不使用清除浮動時，則外層 div 因位高度問題而不會包覆 p 標籤內容而容易跑版，以及背景顏色無法呈現。

◇ HTML

```html
<div class="container">
    <div class="row">
        <div class="col-sm-12">
            <div class="bg-info clearfix">
                <p class="float-left">123learngo</p>
                <p class="float-right">123learngo</p>
            </div>
        </div>
    </div>
</div>
```

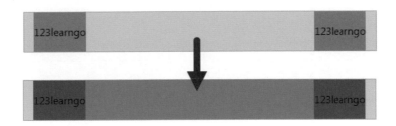

9.5.10 關閉圖示（Close icon）

在 Bootstrap 的互動元件中，如 modal 與 alert 等元件會顯示關閉（X）圖示作為關閉元件的按鈕，故 Bootstrap 提供了類別來快速產生關閉（X）圖示，當中也針對深色底提供了一個白色系的類別供使用，以及當按鈕若要呈現禁用狀態時可再添加 disabled 屬性。

使用此類別的同時需搭配 aria-label 屬性來確保螢幕閱讀器可讀取到按鈕說明，
使用範例如下：

◇ HTML

```
<div class="container">
  <div class="row">
    <div class="col-12">
      <button type="button" class="btn-close" aria-label="Close"></button>
    </div>
    <div class="col-12 bg-black">
      <button type="button" class="btn-close btn-close-white" aria-label=
"Close"></button>
    </div>
  </div>
</div>
```

╲╲╲ ╱╱╱
補充說明

1、close 類別的樣式預設為靠右對齊。
2、× 符號代碼是乘號（x）。

9.5.11 內嵌（Embeds）

影片為了要符合響應式網頁的規範，因此該媒體的寬與高度都要具有彈性調整
的能力。響應式圖片只要單純的將寬度尺寸設為 100% 後，高度設為 auto 就
能具備彈性調整能力，反之影片的部分卻不是這樣的做法，因此 Bootstrap 提
供了相關類別使嵌入式的內容也具備彈性。

常見的嵌入式元素標籤有 <iframe>、<embed>、<video> 和 <object>，在這
些標籤中只要加入 .ratio 類別即可滿足響應式需求。

在嵌入的語法中，不再需要寬度與高度，以及 frameborder="0" 等屬性內容，因在 .ratio 類別樣式中已具有該屬性。

除此之外，Bootstrap 也提供數個比例類別來協助調整嵌入式內容的比例，可使用的比例類別如下：

➤ 21:9

```
<div class=ratio ratio-21x9>
    <iframe src="..."></iframe>
</div>
```

➤ 16:9

```
<div class=ratio ratio-16x9>
    <iframe src="..."></iframe>
</div>
```

➤ 4:3

```
<div class=ratio ratio-4x3>
    <iframe src="..."></iframe>
</div>
```

➤ 1:1

```
<div class=ratio ratio-1x1>
    <iframe src="..."></iframe>
</div>
```

（1）建立響應式影片

在開始建立響應式影片之前必須先取得影片的連結，以下以 YouTube 的影片為例進行教學。

STEP 1　連結到 YouTube 影片。

網址：https://youtu.be/wgB8sJKgdWk

STEP 2　先點擊「分享」按鈕後，再點擊「嵌入」按鈕。

STEP 3 點擊「複製」按鈕。

STEP 4 貼入 HTML 文件後，保留程式碼中的「src」屬性的內容，其餘皆刪除。

```
<div class="container">
    <div class="row">
        <div class="col-12">
            <iframe width="560" height="315" src="https://www.youtube.com/embed/wgB8sJKgdWk"
                title="YouTube video player" frameborder="0"
                allow="accelerometer; autoplay; clipboard-write; encrypted-media; gyroscope;
                picture-in-picture"
                allowfullscreen></iframe>
        </div>
    </div>
</div>
```

```
<div class="container">
    <div class="row">
        <div class="col-12">
            <iframe src="https://www.youtube.com/embed/wgB8sJKgdWk"></iframe>
        </div>
    </div>
</div>
```

STEP 5 新增一個 <div> 標籤並於當中加入響應式 ratio 類別，其後再加入比例 ratio-16x9 類別。

```html
<div class="container">
    <div class="row">
        <div class="col-12">
            <div class="ratio ratio-16x9">
                <iframe src="https://www.youtube.com/embed/wgB8sJKgdWk"></iframe>
            </div>
        </div>
    </div>
</div>
```

STEP 6 完成響應式影片的製作。

9.5.12　位置（Position）

position 屬性負責用來設定元素位置，如定義某個元素（如圖片、DIV 區塊、h1、h2 等）要出現在網頁的哪個位置；或者將一張圖片固定在網頁的左上角。這些位置的設定通常必須搭配 left、top 等屬性，才可讓瀏覽器知道元素要靠左邊多遠以及靠上面多遠，另外也可以搭配 z-index 製作出圖片疊在一起的效果。

類別規則為 .position-{property}，如 .position-static、.position-relative、.position-absolute 等，可使用的 property（屬性），說明如下：

補充說明

position 類別雖可快速調整定位方式，但不具備響應式效果。

◈ property（屬性）

➤ static：預設值，如果設定 position 為 static，則 top、left、right、bottom 會被忽略。

➤ relative：相對位置，相對於其他元素的位置，其元素的位置由 top、left、right、bottom 所決定。

➤ absolute：絕對位置，當網頁往下拉時，元素也會跟著改變位置，其元素的位置由 top、left、right、bottom 所決定。absolute 元素的定位是在它所處上層容器的相對位置，如果上層容器並沒有「可以被定位」的元素時，則該元素的定位就是相對於該網頁（也就是 <body> 元素）最左上角的絕對位置。

➤ fixed：固定定位，元素會相對於瀏覽器視窗來定位，意味著即便頁面捲動，它還是會固定在相同的位置，如固定至頂部：fixed-top，固定至底部：fixed-bottom。

➤ sticky：為 CSS 3 的新屬性，呈現結果類似 relative 與 fixed 的綜合體，當在目標區域中時則呈現上像 relative 屬性，當頁面滾動時則像 fixed 屬性固定在目標位置。

9.5.13 浮動（Float）

在一個容器中的內容，為了能迅速達成靠左或靠右對齊效果，常會在 CSS 樣式表中使用 float 屬性來調整。

類別規則為 `.float-{breakpoint}-{property}`，如 .float-left、.float-md-left、.float-xl-none 等，可使用的 breakpoint（斷點）與 property（屬性），說明與使用範例如下：

◇ breakpoint 斷點

➤ none：寬度 <576px。

➤ sm：寬度 ≥576px。

➤ md：寬度 ≥768px。

➤ lg：寬度 ≥992px。

➤ xl：寬度 ≥1200px。

➤ xxl：寬度 ≥1400px。

◇ property（屬性）

➤ start：預設值，靠左。

➤ end：靠右。

➤ none：沒有浮動。

◇ HTML

```html
<div class="container">
    <div class="row">
        <div class="col-sm-12">
            <div class="float-sm-start">123LearnGo-讓學習成為一種習慣（靠左）</div>
            <div class="float-sm-end">123LearnGo-讓學習成為一種習慣（靠右）</div>
            <div class="float-sm-none">123LearnGo-讓學習成為一種習慣（沒有浮動）</div>
        </div>
    </div>
</div>
```

123LearnGo-讓學習成為一種習慣（靠左）

123LearnGo-讓學習成為一種習慣（靠右）

123LearnGo-讓學習成為一種習慣（沒有浮動）

9.5.14 堆疊（Stacks）

以往當區塊元素內若有好幾個內容要垂直或水平等排版時，均需要透過自定義的 CSS 進行調整，此版 Bootstrap 應用了 flex 屬性提供 .vstack 與 .hstack 兩類別，以可搭配 .gap-* 或其他通用類別對元素間的內容進行調整，進而快速的佈局。

◇ HTML

```
<div class="container">
  <div class="row">
    <div class="col-12">
      <div class="vstack gap-3">
        <h6>垂直 </h6>
        <div class="bg-light border">1</div>
        <div class="bg-light border">2</div>
        <div class="bg-light border">3</div>
      </div>
    </div>
    <div class="col-12">
      <h6>水平 </h6>
        <div class="hstack gap-3">
          <div class="bg-light border">1</div>
          <div class="bg-light border">2</div>
          <div class="bg-light border">3</div>
        </div>
      </div>
  </div>
</div>
```

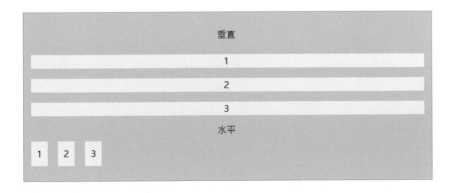

9.5.15 垂直對齊（Vertical alignment）

以往針對容器內的內容進行置中、靠下等對齊動作時，是最難處理的一件事情，如今可在父容器中，當 display 屬性值為 inline、inline-block、inline-table 和 table 時，透過此類別來改變元素的垂直對齊效果。

類別規則為 .align-{property}，如 .align-baseline、.align-top、.align-middle 等，可使用的 property（屬性），說明與使用範例如下：

◇ property（屬性）

➤ baseline：預設值，元素在該行的基礎線上，大約在文字的中間位置。

➤ top：垂直對齊該行元素的頂端。

➤ middle：垂直對齊該行文字的置中位置。

➤ bottom：垂直對齊該行元素的底端。

➤ text-top：垂直對齊該行文字的頂端。

➤ text-bottom：垂直對齊該行文字的底端。

搭配不同的 display 屬性值會有不同的效果，此範例為搭配 inline 元素。

◇ HTML

```
<div class="container">
    <div class="row">
        <div class="col-sm-12">
            <span class="align-baseline">123LearnGo (baseline)</span>
            <span class="align-top">123LearnGo (top)</span>
            <span class="align-middle">123LearnGo (middle)</span>
            <span class="align-bottom">123LearnGo (bottom)</span>
            <span class="align-text-top">123LearnGo (text-top)</span>
            <span class="align-text-bottom">123LearnGo (text-bottom)</span>
        </div>
    </div>
</div>
```

123LearnGo (baseline)　123LearnGo (top)　123LearnGo (middle)　123LearnGo (bottom)　123LearnGo (text-top)　123LearnGo (text-bottom)

網格佈局與基礎
CSS 樣式的使用

10.1 實作概述

本章節練習範例已具有基本的 HTML 結構與內容。下列將依據頁面設計分為五個區塊進行講解,分別是 1. 廣告、2. 特色、3. 主標語、4. 推薦課程、5. 頁腳,從中介紹如何使用 Bootstrap 的網格系統進行響應式佈局,以及如何使用輔助類別來美化頁面,某些區塊則是會加入自己所定義的 CSS 樣式來調整頁面不足的地方,透過上述的三個步驟除了得以完成響應式網頁的製作外,還可初步認識 Bootstrap CSS 的基礎內容與使用方法。

◇ 學習重點

➤ 使用網格系統進行響應式佈局。

➤ Typography(文字排版)、Button(按鈕)、Images(圖片)、Utilities(輔助類別)的使用。

◇ 練習與成果檔案

➤ HTML 練習檔案:ch10 / Practice / index.html

➤ CSS 練習檔案:ch10 / Practice / css / style.css

➤ 成果檔案:ch10 / Final / index.html

➤ 教學影片:video/ch10.mp4

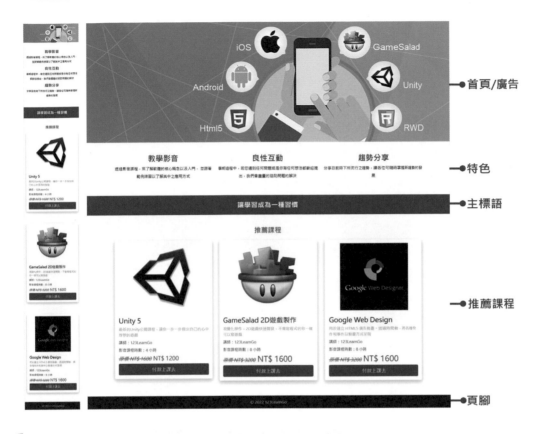

10.2 載入檔案

在 <head> ～ </head> 標籤中定義相關屬性內容與載入相關文件，說明如下：

◇ HTML 程式碼

```
(01) <!DOCTYPE html>
(02) <html lang-"cn">
(03) <head>
(04)     <meta charset="UTF-8">
(05)     <title>123LearnGo- 招生課程 </title>
(06)     <meta name="viewport" content="width=device-width, initial-scale=1">
(07)     <!-- css 文件載入 -->
(08)     <link rel="stylesheet" href="./css/bootstrap.min.css">
(09)     <link rel="stylesheet" href="./css/style.css">
(10) </head>
(11) <body>
```

```
(12)    網頁內容
(13)  </body>
(14)  </html>
```

❖ 解說

05：將網頁標題改為「123LearnGo- 招生課程」。

06：設定網頁在載具上的縮放基準。

08：導入 Bootstrap 的 CSS 樣式文件。

09：導入自己所撰寫的 CSS 樣式文件。

 廣告

10.3.1 輔助類別

此節會針對 HTML 中的特定標籤進行修改，改用 Bootstrap 所提供的輔助類別來完成頁面調整與美化的製作，此區塊所使用的輔助類別與解說如下：

1. 圖片具有響應式效果。

◇ HTML

```
(12) <!-- 頁首 / 開始 -->
(13) <header class="mb-5">
(14)     <img src="images/banner.jpg" alt="banner" class="img-fluid">
(15) </header>
(16) <!-- 頁首 / 結束 -->
```

◇ 解說

13：在 <header> 標籤內加入 mb-5 類別，以調整下方外距的距離。

14：在 <img> 標籤內除了連結 images 資料夾的 banner.jpg 圖片與 alt 屬性值為 banner 外，加入 img-fluid 類別，使圖片尺寸可依據父容器的寬度自動縮放以達到彈性圖片結果。

\\\\\ ////
補充說明

廣告區塊的設計是讓圖片延展到整個瀏覽器的寬度，因為內容不需要使用網格系統進行排版，故採用 div 進行佈局即可。

 **特色**

10.4.1 網格佈局

在特色區塊的設計會以 768px 作為網頁的斷點,大於該尺寸時的佈局會將欄寬分割為 3 等份,每等份為 4 格;小於該尺寸時的佈局是以 12 格欄寬呈現,此區塊的 HTML 佈局與解說如下:

◇ HTML 程式碼

```
(17) <!-- 特色 / 開始 -->
(18) <section class="container">
(19)     <div class="row">
(20)         <div class="col-md-4">
(21)             <p> 教學影音 </p>
(22)             <p> 透過影音課程,來了解軟體的核心概念以及入門,並跟著範例練習以了解
    其中之應用方式 </p>
(23)         </div>
(24)         <div class="col-md-4">
(25)             <p> 良性互動 </p>
(26)             <p> 學期過程中,若您遇到任何問題或是你有任何想法都歡迎提出,我們會盡
    量的協助問題的解決 </p>
(27)         </div>
(28)         <div class="col-md-4">
(29)             <p> 趨勢分享 </p>
(30)             <p> 分享目前時下所流行之趨勢,讓各位可隨時掌握新趨勢的發展 </p>
(31)         </div>
(32)     </div>
(33) </section >
(34) <!-- 特色 / 結束 -->
```

◇ 解說

18:在 <div> 標籤中加入 `container` 類別以建立固定寬度的佈局。

19:在 <div> 標籤中加入 `row` 類別以建立水平群組列。

20、24、28:網格佈局,當瀏覽器寬度 ≧ 768px 時欄寬會分割為 3 等份,當 <768px 時則會以 12 格欄寬為主。

10.4.2 輔助類別

此節會針對 HTML 中的特定標籤進行修改,改用 Bootstrap 所提供的輔助類別來完成頁面調整與美化的製作,此區塊所使用的輔助類別與解說如下:

1. 文字尺寸。

2. 文字粗細。

3. 文字顏色。

4. 文字置中。

5. 段落行高。

◇ HTML

```
(17) <!-- 特色 / 開始 -->
(18) <section class="container">
(19)     <div class="row">
(20)         <div class="col-md-4 text-center">
(21)             <h2 class="text-danger"><strong> 教學影音 </strong></h2>
(22)             <p class="1h-lg"> 過影音課程,來了解軟體的核心概念以及入門,
     並跟著範例練習以了解其中之應用方式 </p>
(23)         </div>
(24)         <div class="col-md-4 text-center">
(25)             <h2 class="text-danger"><strong> 良性互動 </strong></h2>
```

```
(26)                    <p class="lh-lg"> 學習過程中，若您遇到任何問題或是你有任何想法都
        歡迎
        提出，我們會盡量的協助問題的解決 </p>
(27)            </div>
(28)         <div class="col-md-4 text-center">
(29)                <h2 class="text-danger"><strong> 趨勢分享 </strong></h2>
(30)                <p class="lh-lg"> 分享目前時下所流行之趨勢，讓各位可隨時掌握新趨勢
        的發展 </p>
(31)            </div>
(32)       </div>
(33) </section >
(34) <!-- 特色 / 結束 -->
```

◇ 解說

20、24、28：在 <div> 標籤中加入 text-center 類別，使底下的文字均為置中對齊。

21、25、29：將此三行的 <p> 改為 <h2> 與新增 <strong> 兩標籤，使文字呈現放大與加粗效果，以及在 <h2> 中加入 text-danger 類別，使文字顏色改為紅色。

22、26、30：在 <p> 標籤中加入 lh-lg 類別，以調整段落的行高。

 主標語

10.5.1 網格佈局

在主標語區塊的設計上如同廣告區塊的佈局，區塊的寬度會自動延伸到瀏覽器的寬度，此區塊的 HTML 佈局與解說如下：

◈ HTML

```
(35) <!-- 主標語 / 開始 -->
(36) <section>
(37)     <p> 讓學習成為一種習慣 </p>
(38) </section >
(39) <!-- 主標語 / 結束 -->
```

10.5.2 輔助類別

此節會針對 HTML 中的特定標籤進行修改，改用 Bootstrap 所提供的輔助類別來完成頁面調整與美化的製作，此區塊所使用的輔助類別與解說如下：

1. 文字尺寸。

2. 內、外距調整。

3. 區塊背景顏色與文字顏色。

（1）文字尺寸

在文字樣式的設定上主要是將 <p> 標籤進行修改，使用的輔助類別與解說如下：

◈ HTML

```
(35) <!-- 主標語 / 開始 -->
(36) <section>
(37)     <h3><strong> 讓學習成為一種習慣 </strong></h3>
(38) </section>
(39) <!-- 主標語 / 結束 -->
```

◇ 解說

37：將 \<p\> 改為 \<h3\> 與增加 \<strong\> 兩標籤，使文字呈現放大與加粗效果。

（2）內外距調整

針對此區塊在內外距的部分，使用的輔助類別與解說如下：

◇ HTML

```
(35) <!-- 主標語 / 開始 -->
(36) <section class="mt-5 mb-5">
(37)     <h3 class="p-4 text-center"><strong>讓學習成為一種習慣</strong></h3>
(38) </section >
(39) <!-- 主標語 / 結束 -->
```

◇ 解說

36：在 \<div\> 標籤中所要加入的類別如下：

> (1) mt-5：以調整上方外距距離。

> (2) mb-5：以調整下方外距距離。

37：在 \<h3\> 標籤中加入 p4 與 text-center 兩類別以調整四個方向之內距距離，並將文字改以置中對齊。

（3）背景與文字顏色

在區塊背景與文字顏色部分，使用的輔助類別與解說如下：

◇ HTML 程式碼

```
(35) <!-- 主標語 / 開始 -->
(36) <section class="mt-5 mb-5 bg-danger">
(37)     <h3 class="p-4 text-center text-white"><strong>讓學習成為一種習慣
     </strong></h3>
(38) </section >
(39) <!-- 主標語 / 結束 -->
```

◇ 解說

36：在 `<div>` 標籤中加入 `bg-danger` 類別，使區塊背景改為紅色。

37：在 `<h3>` 標籤中加入 `text-white` 類別，使文字顏色改為白色。

 ## 推薦課程－標題

10.6.1 網格佈局

在推薦課程的區塊設計上會呈現兩種內容，1. 標題、2. 三種課程內容。故筆者將此區塊分為兩小節進行說明，此小節的重點為對整個區塊與標題進行佈局規劃，區塊的 HTML 佈局與解說如下：

◇ HTML

```
(40) <!-- 推薦課程 / 開始    >
(41) <section class="container">
(42)    <div class="row">
(43)        <!-- 標題 / 開始 -->
(44)        <div>
(45)            <p> 推薦課程 </p>
(46)        </div>
(47)        <!-- 標題 / 結束 -->
(48)        <!-- 課程 1/ 開始 -->
```

```
(49)                    網頁內容 – 省略
(50)          <!-- 課程 1/ 結束 -->
(123)      </div>
(124) </section>
(125) <!-- 推薦課程 / 結束 -->
```

◈ 解說

41：在 \<div\> 標籤中加入 container 類別以建立固定寬度的佈局。

42：在 \<div\> 標籤中加入 row 類別以建立水平群組列。

10.6.2 輔助類別

此節會針對 HTML 中的特定標籤進行修改，改用 Bootstrap 所提供的輔助類別來完成頁面調整與美化的製作，此區塊所使用的輔助類別與解說如下：

1. 文字尺寸。

2. 文字顏色。

3. 文字置中對齊。

◈ HTML

```
(43) <!-- 標題 / 開始 -->
(44) <div>
(45)     <h3 class="text-success text-center"><strong>推薦課程 </strong></h3>
(46) </div>
(47) <!-- 標題 / 結束 -->
```

◈ 解說

45：將 \<p\> 改為 \<h3\> 與增加 \<strong\> 兩標籤，使文字呈現放大與加粗效果，以及在 \<h3\> 標籤中所要加入的類別如下：

(1) text-success：使文字顏色改為綠色。

(2) text-center：文字改為置中對齊。

10.7 推薦課程－內容

10.7.1 網格佈局

此小節以推薦課程的內容為主進行佈局規劃，並以 768px 作為網頁的斷點，大於該尺寸的佈局時是將欄寬分割為 3 等份，每等份為 4 格；小於該尺寸的佈局時則是以 12 格欄寬呈現。

在課程部分雖然是三種截然不同的內容，但其組成結構是相同的，因此筆者將以課程 1 內容做為示範，此區塊的 HTML 佈局與解說如下：

◇ HTML

```
(48) <!-- 課程 1/ 開始 -->
(49) <div class="col-md-4">
(50)     <div>
(51)         網頁內容 - 省略
(70)     </div>
(71) </div>
(72) <!-- 課程 1/ 結束 -->
(73) <!-- 課程 2/ 開始 -->
(74) <div class="col-md-4">
(75)     <div>
(76)         網頁內容 - 省略
(95)     </div>
```

```
(96)  </div>
(97)  <!-- 課程 2/ 結束 -->
(98)  <!-- 課程 3/ 開始 -->
(99)  <div class="col-md-4">
(100)      <div>
(101)          網頁內容 - 省略
(120)      </div>
(121)  </div>
(122)  <!-- 課程 3/ 結束 -->
```

◇ 解說

49、74、99：網格佈局，當瀏覽器寬度 ≧ 768px 時欄寬會分割為 3 等份，當 <768px 時則會以 12 格欄寬為主。

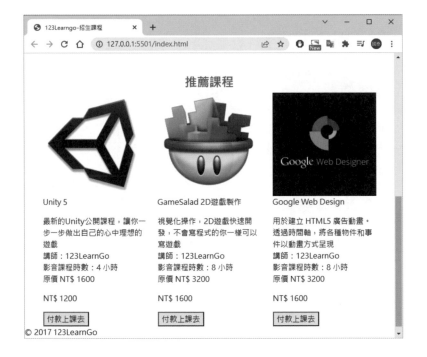

10.7.2 輔助類別

此節會針對 HTML 中的特定標籤進行修改，改用 Bootstrap 所提供的輔助類別來完成頁面調整與美化的製作，此區塊所使用的輔助類別與解說如下：

1. 響應式圖片。

2. 圖片置中對齊。

3. 圖片尺寸縮小。

4. 不同區塊與元件間的距離。

5. 文字顏色。

6. 副標題。

7. 按鈕樣式。

8. 陰影與圓角樣式。

◇ HTML 程式碼

```
(48) <!-- 課程 1/ 開始 -->
(49) <div class="col-md-4 p-3">
(50)     <div class="p-3 mb-5 bg-body shadow rounded">
(51)         <div class="mb-4 text-center">
(52)             <img src="images/unity.jpg" alt="Unity" class="img-
    fluid w-75">
(53)         </div>
(54)         <div class="mt-2">
(55)             <h3>Unity 5</h3>
(56)         </div>
(57)         <div class="text-info mt-2"> 最新的 Unity 公開課程，讓你一步一
    步做出自己的心中理想的遊戲 </div>
(58)         <div class="mt-2 mb-2">
(59)             <span class="text-muted"> 講師：123LearnGo</span>
(60)         </div>
(61)         <div class="mt-2">
(62)             <span class="text-muted"> 影音課程時數：4 小時 </span>
(63)         </div>
(64)         <div class="mt-2">
(65)             <h4 class="text-danger"><small class="fs-5 fst-italic
    text-decoration-line-through text-muted me-2"> 原價 NT$ 1600</
    small>NT$ 1200</h4>
(66)         </div>
(67)         <div class="mt-2 d-grid">
(68)             <button type="button" class="btn btn-danger btn-lg
    w-100"> 付款上課去 </button>
(69)         </div>
```

```
(70)        </div>
(71)    </div>
(72)    <!-- 課程 1/ 結束 -->
```

◇ 解說

49：在 <div> 標籤中加入 p-3 類別，以調整區塊的內距距離。

50：在 <div> 標籤中所要加入的類別如下：

(1) p-3：調整區塊的內距距離。

(2) mb-5：調整下方外距距離。

(3) bg-body：背景顏色套用白色。

(4) shadow：加入陰影樣式。

(5) rounded：使四個頂點呈現圓角效果。

51：在 <div> 標籤中加入 text-center 類別，使圖片呈現置中對齊，另加入 mb-4 類別，以調整下方外距的距離。

52：在 <img> 標籤中所要加入的類別如下：

(1) img-fluid：使圖片具有響應式效果。

(2) w-75：將圖片寬度縮小成 75%。

54、58、61、67：在 <div> 標籤中加入 mt-2 類別，以調整上方外距的距離。

55：將 <p> 改為 <h3> 標籤使文字呈現放大效果。

57：在 <div> 標籤中所要加入的類別如下：

(1) text-info：使文字顏色改為藍綠色。

(2) mt-2：調整上方外距的距離。

59、62：在 <div> 標籤中加入 text-muted 類別使文字顏色改為淺灰色。

65：此行所要修改與加入的類別說明如下：

(1) 將最左邊與最右邊的 <p> 標籤改為 <h4> 並加入 text-danger 類別來包覆此兩組內容，以調整此區段的文字大小與顏色。

(2) 將中間的 <p></p> 標籤改為 <small> 標籤來包覆「原價」文字，使文字改以副標題的樣式呈現。

(3) 在 <small> 標籤中所要加入的類別如下：

(1) `fs-5`：調整文字尺寸。

(2) `fst-italic`：將文字改為斜體。

(3) `text-decoration-line-through`：使文字增加刪除線樣式。

(4) `text-muted`：使文字顏色改為淺灰色。

(5) `me-2`：調整文字右方外距的距離，使兩文字間產生空隙。

68：在 <button> 標籤中所要加入的類別如下：

(1) `btn`：套用 Bootstrap 的按鈕樣式。

(2) `btn-danger`：使按鈕變為紅色。

(3) `btn-lg`：使按鈕尺寸變大。

(4) `w-100`：將按鈕的寬度調整為 100%。

同上述步驟，依序對課程 2 與課程 3 的同樣欄位加入與課程 1 相同的類別。

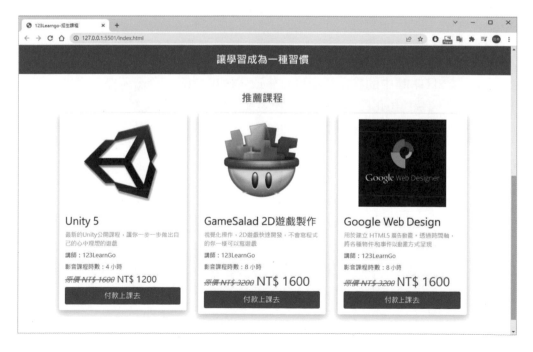

補充說明

當不具有內距屬性時，則文字在呈現上皆會貼齊 <div> 的邊緣，此效果在視覺呈現上是欠佳的，因此需加入 padding 屬性使文字與邊緣產生距離，以達到更好的視覺與閱讀效果。

 頁腳

10.8.1 輔助類別

此節會針對 HTML 中的特定標籤進行修改，改用 Bootstrap 所提供的輔助類別來完成頁面調整與美化的製作，此區塊所使用的輔助類別與解說如下：

1. 區塊背景顏色。

2. 文字顏色、置中對齊、清除預設樣式。

◈ HTML

```
(126) <!-- 頁腳 / 開始 -->
(127) <footer class="pt-3 pb-3 bg-dark bg-opacity-75 text-white text-
      center">
(128)     <p class="mb-0">(c) 2017 123LearnGo</p>
(129) </footer>
(130) <!-- 頁腳 / 結束 -->
```

◇ 解說

127：在 <footer> 標籤中所要加入的類別如下：

　　(1) pt-3：調整上方內距的距離。

　　(2) pb-3：調整下方內距的距離。

　　(3) bg-dark：將背景顏色改為黑色。

　　(4) bg-opacity-75：調整背景顏色的透明度，並以 75% 呈現。

　　(5) text-white：將文字顏色改為白色。

　　(6) text-center：使文字呈現置中對齊。

128：在 <p> 標籤中加入 mb-0 類別以調整下方外距的距離，使其覆蓋 <p>
　　標籤本身預設的 margin-bottom: 1rem; 以達到歸零結果。

＼＼｜｜／／
\\ 補充說明 //

Bootstrap 除了提供設計師相關排版類別的使用外，同時也在一些 HTML 標籤加入調整屬性，方便設計師在排版時可省略調整的時間。

然而，<p> 標籤在預設狀態下，Bootstrap 已賦予它 margin-bottom: 1rem; 屬性（如圖），造成頁腳區塊會離網頁底端產生 1rem 的空隙，因此必須在 HTML 中加入相關屬性，使頁腳區塊可貼齊網頁底端。

CHAPTER
11

CSS 的使用

11.1 實作概述

透過第 10 章的練習，已了解到如何使用 Bootstrap 的網格系統進行佈局，以及輔助類別後。此章節將以完成佈局後的網頁進行練習，使各位讀者可認識與使用更多的 CSS 類別來美化網頁。

在章節範例的規劃上，第 11 章節至第 13 章節為延續性的內容，藉由此三個章節，幫助各位讀者完整的認識與學習 Bootstrap 框架與其內容的使用，以順利製作出響應式網頁。章節説明如下：

1. 第 11 章：在網頁中加入 Bootstrap 的 CSS 類別來美化頁面。

2. 第 12 章：加入 Components（元件）來豐富網頁內容。

3. 第 13 章：加入 JavaScript 來提高網頁的互動性。

在本章節練習範例中，已將畫面分為六個區塊進行設計與講解，區塊分別有 1. 頁首 / 廣告、2. 遊戲介紹、3. 場景介紹、4. 魔王攻擊招式、5. 改善建議與聯絡資訊以及 6. 頁腳，從中介紹其他 CSS 類別的使用。

◇ 學習重點

➤ Typography（文字排版）、Button（按鈕）、Images（圖片）、Table（表格）、Utilities（輔助類別）、Form（表單）的使用。

◇ 練習與成果檔案

➤ HTML 練習檔案：ch11 / Practice / index.html

➤ CSS 練習檔案：ch11 / Practice / css / style.css

➤ 成果檔案：ch11 / Final / index.html

➤ 教學影片：video/ch11.mp4

首頁 / 廣告

遊戲介紹

場景介紹

魔王攻擊招式

改善建議聯絡資訊

頁腳

載入檔案

在 \<head\> ～ \</head\> 標籤中定義相關屬性內容與載入相關文件，說明如下：

◇ HTML

```
(01) <!doctype html>
(02) <html>
(03) <head>
(04)     <meta charset="utf-8">
(05)     <title>齊天大聖亂遊記 - 官方網站</title>
(06)     <meta name="viewport" content="width=device-width, initial-
    scale=1">
(07)     <!-- css文件載入 -->
```

```
(08)        <link rel="stylesheet" href="./css/bootstrap.min.css">
(09)        <link rel="stylesheet" href="./css/style.css">
(10) </head>
(11) <body>
(12)     網頁內容
(13) </body>
(14) </html>
```

◇ 解說

05：將網頁標題改為「齊天大聖亂遊記 - 官方網站」。

06：設定網頁在載具上的縮放基準。

08：載入 Bootstrap 的 CSS 樣式文件。

09：載入自己所撰寫的 CSS 樣式文件。

 廣告

11.3.1 輔助類別

此節會針對 HTML 中的特定標籤進行修改，改用 Bootstrap 所提供的輔助類別來完成頁面調整與美化的製作，此區塊所使用的輔助類別與解說如下：

1. 圖片具有響應式效果。

◇ HTML

```
(12) <!-- 頁首 / 開始 -->
(13) <header>
(14)     <img src="images/Banner.jpg" alt="banner" class="img-fluid">
(15) </header>
(16) <!-- 頁首 / 結束 -->
```

◇ 解說

14：在 <img> 標籤內除了連結 images 資料夾的 Banner.jpg 圖片與 alt 屬性值為 banner 外，加入 img-fluid 類別，使圖片尺寸可依據父容器的寬度自動縮放以達到彈性圖片的結果。

11.4 遊戲介紹

11.4.1 輔助類別

依據設計結果，此區塊最外層會有灰色的區塊貼齊瀏覽器左右邊緣，內容部分則是以固定欄寬進行佈局。

此區塊會建置兩種內容，1. 遊戲介紹、2. 遊戲下載按鈕，內容會以 768px 作為網頁的斷點，大於該尺寸時的佈局是將欄寬分割為 8 格與 4 格；小於該尺寸時的佈局則以 12 格欄寬呈現，此區塊所使用的輔助類別與解說如下：

1. 區塊內距與背景顏色。

2. 各種標籤的文字樣式。

3. 按鈕樣式。

◇ HTML

```
(17)  <!-- 遊戲介紹 / 開始 -->
(18)  <section class="p-3 bg-dark">
(19)      <div class="container">
(20)          <div class="row">
(21)              <div class="col-md-8">
(22)                  <h2 class="text-warning fw-bolder">遊戲世界觀</h2>
(23)                  <p class="text-white">具古書記載中齊天大聖其實在大鬧天宮
之前來有另一則曲折離奇的故事。當時因為齊天大聖誤將守護世界的寶石打落凡間，因此玉皇
大帝指派菩提祖師協助齊天大聖下凡間尋找寶石。在不同時空的尋找過程中，<span
class="ps-2 pe-2 bg-danger fw-bolder">齊天大聖也從各種對抗中習得七十二變。
</span></p>
(24)              </div>
(25)              <div class="col-md-4">
(26)                  <h2 class="text-warning text-center fw-bolder">
DOWNLOAD</h2>
(27)                  <div class="d-grid gap-2 mt-4">
(28)                      <button class="btn btn-warning btn-lg fst-
italic" type="button">MAC DOWNLOAD</button>
(29)                      <button class="btn btn-warning btn-lg
fst-italic " type="button">PC DOWNLOAD</button>
(30)                  </div>
(31)              </div>
(32)          </div>
(33)      </div>
(34)  </section>
(35)  <!-- 遊戲介紹 / 結束 -->
```

◇ 解說

18：在 <section> 標籤中所要加入的類別如下：

　　(1) p-3：調整區塊的內距距離。

　　(2) bg-dark：使區塊背景改為深灰色。

22：將 <p> 改為 <h2> 標籤使文字呈現放大效果，所要加入的類別如下：

　　(1) text-warning：文字顏色改為黃色。

　　(2) fw-bolder：增加字體粗度。

23：在 <p> 標籤中加入 text-white 類別，使文字顏色改為白色。

23：在 <span> 標籤中所要加入的類別如下：

　　(1) ps-2：調整向左的內距距離。

(2) `pe-2`：調整向右的內距距離。

(3) `bg-danger`：使背景顏色改為紅色。

(4) `fw-bolder`：增加字體粗度。

26：將 `<p>` 改為 `<h2>` 標籤，使文字呈現放大外，所要加入的類別如下：

(1) `text-warning`：文字顏色改為黃色。

(2) `text-center`：文字進行置中對齊。

(3) `fw-bolder`：增加字體粗度。

27：在 `<div>` 標籤中所要加入的類別如下：

(1) `d-grid`：將顯示方式改為 grid 屬性。

(2) `gap-2`：調整間隙。

(3) `mt-4`：調整向上外距的距離。

28 與 29：在 `<button>` 標籤中所要加入的類別如下：

(1) `btn`：套用 Bootstrap 的按鈕樣式。

(2) `btn-warning`：使按鈕變為黃色。

(3) `btn-lg`：使按鈕尺寸變大。

(4) `fst-italic`：使文字改為斜體。

11.5 場景介紹

11.5.1 輔助類別

此節會針對 HTML 中的特定標籤進行修改，改用 Bootstrap 所提供的輔助類別來完成頁面美化的製作，此區塊所使用的輔助類別與解說如下：

1. 各種標籤的文字樣式。

2. 邊框樣式。

3. 各組內容的距離調整。

◇ HTML

```
(36)  <!-- 場景介紹 / 開始 -->
(37)  <section>
(38)      <div class="container">
(39)          <h2 class="text-center mb-4 fw-bold">場景介紹</h2>
(40)          <div class="row">
(41)              <div class="col-sm-6 col-md-3 mb-4">
(42)                  <div class="border border-secondary rounded p-1">
(43)                      <img src="images/Scene1.jpg" alt="第一關：石器時代"
      class="img-fluid w-100">
(44)                      <div class="mt-3">
(45)                          <p class="text-center">第一關：石器時代</p>
(46)                      </div>
(47)                  </div>
(48)              </div>
(49)              <div class="col-sm-6 col-md-3 mb-4">
(50)                  <div class="border border-secondary rounded p-1">
(51)                      <img src="images/Scene2.jpg" alt="第二關：海盜船"
      class="img-fluid w-100">
(52)                      <div class="mt-3">
(53)                          <p class="text-center">第二關：海盜船</p>
(54)                      </div>
(55)                  </div>
(56)              </div>
(57)              <div class="col-sm-6 col-md-3 mb-4">
(58)                  <div class="border border-secondary rounded p-1">
(59)                      <img src="images/Scene3.jpg" alt="第三關：埃及金字
      塔" class="img-fluid w-100">
```

```
(60)                        <div class="mt-3">
(61)                            <p class="text-center">第三關：埃及金字塔 </p>
(62)                        </div>
(63)                    </div>
(64)                </div>
(65)                <div class="col-sm-6 col-md-3 mb-4">
(66)                    <div class="border border-secondary rounded p-1">
(67)                        <img src="images/Scene4.jpg" alt=" 第四關：羅馬競技
      場 " class="img-fluid w-100">
(68)                        <div class="mt-3">
(69)                            <p class="text-center">第四關：羅馬競技場 </p>
(70)                        </div>
(71)                    </div>
(72)                </div>
(73)            </div>
(74)        </div>
(75)    </section>
(76) <!-- 場景介紹 / 結束 -->
```

◇ 解說

39：將 <p> 改為 <h2> 標籤，使文字呈現放大效果，以及在 <h2> 標籤中所要加入的類別如下：

(1) text-center：使文字置中對齊。

(2) mb-4：調整下方外距的距離。

(3) fw-bold：使文字改為粗體。

41、49、57、65：在 <div> 標籤中加入 mb-4 類別，以調整下方外距的距離。目的為當螢幕 <768px 尺寸時，不同容器之間不會緊貼在一起。

42、50、58、66：在 <div> 標籤中所要加入的類別如下：

(1) border：使容器外圍產生淺灰色邊框效果。

(2) border-secondary：將預設的邊框顏色改為深灰色。

(3) rounded：使邊框的四個頂點產生圓角效果。

(4) p-1：調整內距的距離，目的為使容器內的圖片與文字不要貼齊邊緣。

43、51、59、67：在 <img> 標籤中所要加入的類別如下：

(1) img-fluid：使圖片具有響應式的效果。

(2) `w-100`：將圖片的寬度調整為 100%。因本範例的圖片尺寸較小，因此在手機載具中圖片無法填滿父容器，故加入此類別來調整圖片寬度，由於將圖片寬度由小變大，故會有失真的情況發生。

44、52、60、68：在 <div> 標籤中加入 `mt-3` 類別，以調整上方外距的距離。

45、53、61、69：在 <p> 標籤中加入 `text-center` 類別，使文字置中對齊。

11.5.2 定義共用 CSS 樣式

在著手開始撰寫 CSS 樣式之前，需先依據網頁整體的視覺呈現，將可重複使用的樣式內容撰寫成可被共用的類別，使在往後的調整與維護上較為便利輕鬆，因此本節將針對網頁中可共用的樣式來建置類別。

在 style.css 文件中建立 `.box-30` 選擇器，使區塊內的內容與上下邊緣保有一定的距離，共用類別建置如下：

◇ CSS

```css
.box-30{
    padding-top: 30px; /* 上方內距 */
    padding-bottom: 30px; /* 下方內距 */
}
```

建置完樣式後，於 HTML 的第 37 行加入 `box-30` 類別，加入結果如下：

◇ HTML

```html
(36) <!-- 場景介紹 / 開始 -->
(37) <section class="box-30">
(38)     網頁內容 - 省略
(75) </section>
(76) <!-- 場景介紹 / 結束 -->
```

11.6 魔王攻擊招式

11.6.1 輔助類別

此節會針對 HTML 中的特定標籤進行修改，改用 Bootstrap 所提供的輔助類別來完成頁面調整與美化的製作，此區塊所使用的輔助類別與解說如下：

1. 區塊背景樣式。

2. 各種標籤的文字樣式。

3. 表格樣式。

◇ HTML

```
(77)  <!-- 魔王攻擊招式 / 開始 -->
(78)  <section class="bg-dark box-30">
(79)      <div class="container">
(80)          <h2 class="text-center text-warning mb-4 fw-bold">魔王攻擊
      招式 </h2>
(81)          <table class="table table-hover">
(82)              <thead>
```

```
(83)                    <tr class="bg-danger text-white fs-5">
(84)                        網頁內容 - 省略
(88)                    </tr>
(89)                </thead>
(90)                <tbody>
(91)                    <tr class="table-info">
(92)                        網頁內容 - 省略
(96)                    </tr>
(97)                    <tr class="table-warning">
(98)                        網頁內容 - 省略
(102)                   </tr>
(103)                   <tr class="table-warning">
(104)                       網頁內容 - 省略
(107)                   </tr>
(108)                   <tr class="table-danger">
(109)                       網頁內容 - 省略
(113)                   </tr>
(114)                   <tr class="table-danger">
(115)                       網頁內容 - 省略
(118)                   </tr>
(119)                   <tr class="table-success">
(120)                       網頁內容 - 省略
(124)                   </tr>
(125)                   <tr class="table-success">
(126)                       網頁內容 - 省略
(129)                   </tr>
(130)               </tbody>
(131)           </table>
(132)       </div>
(133) </section>
(134) <!-- 魔王攻擊招式 / 結束 -->
```

◇ 解說

78：在 <section> 標籤中所要加入的類別如下：

(1) `bg-dark`：使區塊背景顏色改為深灰色。

(2) `box-30`：自定義樣式，調整區塊的上下內距值。

80：將 <p> 改為 <h2> 標籤，使文字呈現放大效果，以及在 <h2> 標籤中所要加入的類別如下：

(1) `text-center`：使文字改為置中對齊。

(2) `text-warning`：使文字顏色改為黃色。

(3) `mb-4`：調整下方外距的距離。

(4) `fw-bold`：使文字改為粗體。

81：在 <table> 標籤中所要加入的類別的如下：

(1) `table`：改為 Bootstrap 的表格樣式。

(2) `table-hover`：使當滑鼠滑入表格時，欄位的底色會套用淺灰色，以作為提示作用。

83：在 <tr> 標籤中所要加入的類別的如下：

(1) `bg-danger`：使標題列的底色改為紅色。

(2) `text-white`：使文字顏色改為白色。

(3) `fs-5`：調整文字大小，如 <h5> 標籤的文字大小。

91：在 <tr> 標籤中所要加入 `table-info` 類別，使底色改為綠色。

97 與 103：在 <tr> 標籤中所要加入 `table-warning` 類別，使底色改為黃色。

108 與 114：在 <tr> 標籤中所要加入 `table-danger` 類別，使底色改為紅色。

119 與 125：在 <tr> 標籤中所要加入 `table-success` 類別，使底色改為綠色。

 改善建議

11.7.1 輔助類別

此區塊具有「改善建議」與「聯絡資訊」兩種內容，此節會針對改善建議內容中的特定標籤進行修改，改用 Bootstrap 所提供的輔助類別來完成頁面美化的製作。

改善建議內容是以 Bootstrap 所提供的水平佈局表單樣式為主，除了基本欄位內容外，同時表單中的「清除」與「送出」兩按鈕在大於 768px 尺寸時可呈現在靠右位置，此區塊所使用的輔助類別與解說如下：

1. 按鈕樣式。

2. 網格偏移。

3. 表單樣式。

◇ HTML

```
(135) <!-- 改善建議與聯絡資訊 / 開始 -->
(136) <section class="box-30">
(137)     <div class="container">
(138)         <div class="row">
(139)             <!-- 改善建議 / 開始 -->
(140)             <div class="col-md-8">
(141)                 <h2 class="mb-4 fw-bold">改善建議</h2>
(142)                 <form>
(143)                     <!-- 姓名欄位 / 開始 -->
(144)                     <div class="row mb-3">
(145)                         <label class="col-sm-2 col-form-label">
      姓    名</label>
(146)                         <div class="col-sm-10">
(147)                             <input type="text" class="form-control
      is-valid" placeholder="請輸入您的姓名" required>
(148)                         </div>
(149)                     </div>
(150)                     <!-- 姓名欄位 / 結束 -->
(151)                     <!-- 電子信箱 / 開始 -->
(152)                     <div class="row mb-3">
```

```
(153)                         <label class="col-sm-2 col-form-label">電子
      信箱 </label>
(154)                    <div class="col-sm-10">
(155)                        <input type="email" class="form-control
      is-invalid" placeholder="請輸入您的 Email" disabled>
(156)                    </div>
(157)                </div>
(158)                <!-- 電子信箱 / 結束 -->
(159)                <!-- 喜好程度 / 開始 -->
(160)                <div class="row mb-3">
(161)                    <legend class="col-sm-2 col-form-label">喜好
      程度 </legend>
(162)                    <div class="col-sm-10">
(163)                        <div class="form-check">
(164)                            <input class="form-check-input"
      type="radio" name="like" value="option1" checked>
(165)                            <label class="form-check-label"
      for="gridRadios1">非常喜歡 </label>
(166)                        </div>
(167)                        <div class="form-check">
(168)                            <input class="form-check-input"
      type="radio" name="like" value="option2">
(169)                            <label class="form-check-label"
      for="gridRadios2">尚可 </label>
(170)                        </div>
(171)                        <div class="form-check disabled">
(172)                            <input class="form-check-input"
      type="radio" name="like" value="option3" disabled>
(173)                            <label class="form-check-label"
      for="gridRadios3" disabled>有改進空間 </label>
(174)                        </div>
(175)                    </div>
(176)                    <div>
(177)                <!-- 喜好程度 / 結束 -->
(178)                <!-- 改善建議 / 開始 -->
(179)                <div class="row mb-3">
(180)                    <label class="col-sm-2 col-form-label">
      改善建議 </label>
(181)                    <div class="col-sm-10">
(182)                        <textarea rows="3" class="form-
      control" placeholder="請填寫您對於此款遊戲的改善建議 "></textarea>
(183)                    </div>
(184)                </div>
(185)                <!-- 改善建議 / 結束 -->
(186)                <!-- 送出與清除按鈕 / 開始 -->
```

```
(187)                              <div class="row mb-3">
(188)                                 <div class="col-sm-10 offset-sm-2 btn-
     group">
(189)                                    <button type="button" class="btn
     btn-danger">清除</button>
(190)                                    <button type="button" class="btn
     btn-warning" disabled>送出</button>
(191)                                 </div>
(192)                              </div>
(193)                           <!-- 送出與清除按鈕 / 開始 -->
(194)                        </form>
(195)                     </div>
(196)                  <!-- 改善建議 / 結束 -->
(197)                  <!-- 聯絡資訊 / 開始 -->
(198)                  <div class="col-md-4">
(199)                        網頁內容 - 省略
(200)                  </div>
(201)                  <!-- 聯絡資訊 / 結束 -->
(202)               </div>
(203)            </div>
(204) </section>
(205) <!-- 改善建議與聯絡資訊 / 結束 -->
```

◇ 解說

136：在 <section> 標籤中加入自定義的類別 box-30，以調整區塊的上下內距值。

141：將 <p> 改為 <h2> 標籤，使文字呈現放大效果，以及在 <h2> 標籤中所要加入的類別如下：

　　(1) fw-bold：使文字改為粗體。

　　(2) mb-4：調整下方外距的距離。

144、152、160、179、187：在 <div> 標籤中加入 mb-3 以調整下方外距的距離。

145、153、161、180：在 <label> 標籤中加入 col-form-label 類別，以調整文字的內距、外距與行高等樣式，最重要的是可使表單垂直置中。

147、155、182：在 <input> 標籤中加入 form-control 類別，以調整輸入框的樣式。

147：在 <input> 標籤中所要加入的屬性與類別如下：

(1) is-valid：使輸入框呈現驗證狀態。此驗證狀態通常是運用在當送出表單時的輸入框效果。

(2) required：此屬性可使輸入框為必填。

155：在 <input> 標籤中所要加入的屬性與類別如下：

(1) is-invalid：使輸入框呈現警告狀態，此驗證狀態通常是運用在送出表單時的輸入框效果。

(2) disabled：此屬性可使輸入框為禁止輸入。

163、167、171：在 <div> 標籤中加入 form-check 類別，以調整 radio（單選）的下方外距屬性與 display 等屬性，使數個 radio 可換行排列。

164、168、172：在 <input> 標籤中加入 form-check-input 類別，以調整背景顏色、圓角顏色、圓角尺寸與對齊等樣式。

165、169、173：在 <label> 標籤中加入 form-check-label 類別，以調整排版方式。

164：在 <input> 標籤中加入 checked 屬性，使 radio 預設為選取狀態。

171：在 <div> 標籤中加入 disabled 類別，使 <label> 呈現出為無法被選取樣式。

172：在 <label> 標籤中加入 disabled 屬性，使 radio 預設為無法被選取狀態。

188：在 <div> 標籤中所要加入的類別如下：

(1) offset-sm-2：向左偏移兩欄。

(2) btn-group：調整排版方式。

189：在 <button> 標籤中所要加入的類別與屬性如下：

(1) btn：套用 Bootstrap 的按鈕樣式。

(2) btn-danger：使按鈕變為紅色。

190：在 <button> 標籤中所要加入的類別如下：

(1) btn：套用 Bootstrap 的按鈕樣式。

(2) btn-warning：使按鈕變為黃色。

(3) disabled：此屬性可使按鈕給為禁用狀態，也表示失去點擊或滑
入等效果。

補充說明

HTML 表單驗證兩個偽類 :invalid 和 :valid，僅適用於 <input> <select> 和 <textarea>
等標籤內容。

11.8 聯絡資訊

11.8.1 輔助類別

此節會針對 HTML 中的特定標籤進行修改，改用 Bootstrap 所提供的輔助類別
來完成頁面調整與美化的製作，此區塊所使用的輔助類別與解說如下：

1. 地址樣式。

2. 名詞縮寫。

◈ HTML

```
(197) <!-- 聯絡資訊 / 開始 -->
(198) <div class="col-md-4">
(199)     <address>
(200)         公司：123learngo, Inc.<br/>
(201)         地址：100 台北市 XXXXXXXXXX<br/>
(202)         <abbr title=" 連絡電話 " class="fw-bolder">TEL</abbr>：(123)
      456-7890<br/>
(203)         <abbr title=" 電子信箱 " class="fw-bolder">E-Mail</abbr>：<a
      href="mailto:123learngo@gmail.com">123learngo@gmail.com</a>
(204)     </address>
(205) </div>
(206) <!-- 聯絡資訊 / 結束 -->
```

◈ 解說

199：將 <div> 標籤改為 <address>，使聯絡資訊以最接近日常使用的格式呈現。

200、201 與 202：在內容結尾加入
，使每行內容得以保留目前樣式與進行換行。

202 與 203：將 <p> 標籤改為 <abbr>，以呈現出縮寫的效果。

202：在 <abbr> 標籤中加入「title=" 連絡電話 "」屬性與屬性值，並加入 fw-bolder 類別，使文字改為粗體。

203：在 <abbr> 標籤中加入「title=" 電子信箱 "」屬性與屬性值，並加入 fw-bolder 類別，使文字改為粗體。

\\\\|////
\\ 補充說明 //

在 <abbr> 標籤中加入 title 屬性後，當滑鼠懸停在縮寫詞彙上時則會顯示 title 的屬性值內容。在縮寫效果的外觀上會帶有淡淡的虛底線，滑鼠移至縮寫詞彙上時會帶有問號指標。

11.8.2 定義 CSS 樣式

目前的網頁結果中可發現，聯絡資訊整體內容呈現靠頂端對齊，與旁邊的改善建議相比之下顯得突兀。因此距離較大，故無法依賴輔助類別來滿足調整需求，因此在 style.css 文件中建立 .mt-60 選擇器，以調整上方外距的距離，屬性樣式建置如下：

◇ CSS

```
.mt-60{
    margin-top: 60px; /* 上方外距 */
}
```

建置完樣式後，於 HTML 的第 198 行加入 mt-60 類別，加入結果如下：

◇ HTML

```
(197) <!-- 聯絡資訊 / 開始 -->
(198) <div class="col-md-4 mt-60">
(199)     網頁內容 - 省略
(205) </div>
(206) <!-- 聯絡資訊 / 結束 -->
```

11.9 頁腳

11.9.1 輔助類別

此節會針對 HTML 中的特定標籤進行修改，改用 Bootstrap 所提供的輔助類別來完成頁面調整與美化的製作，此區塊所使用的輔助類別與解說如下：

1. 區塊背景顏色。

2. 區塊上、下兩內距距離的調整。

3. 文字顏色、置中對齊、清除預設樣式。

◇ HTML

```
(211) <!-- 頁腳 / 開始 -->
(212) <footer class="bg-dark">
(213)     <p class="text-center text-white mb-0 pt-3 pb-3">(c) 2022
      123LearnGo</p>
(214) </footer>
(215) <!-- 頁腳 / 結束 -->
```

◇ 解說

213：在 <footer> 標籤中所加入 bg-dark 類別，使區塊顏色改為深灰色。

214：在 <p> 標籤中所加入的類別如下：

(1) text-center：使文字改為置中對齊。

(2) text-white：將文字顏色改為白色。

(3) mb-0：取代 <p> 標籤本身預設的 margin-bottom: 1rem; 以達到歸零結果。

(4) pt-3：調整上方內距的距離。

(5) pb-3：調整下方內距的距離。

Components
元件的使用

12.1 實作概述

本章範例檔案為延續第 11 章的成果檔案，重點為將特定的 HTML 內容修改成 Component（元件）與增加 Component（元件），藉此豐富網頁內容。

Component（元件）的組成是 HTML 內容的集合，如卡片、下拉式選單、表單、導覽列、麵包屑等。藉由這些標準化的元件，可使在網頁開發過程中能輕易滿足功能上的需求。而元件本身還具有數種調整類別供搭配使用，使元件在呈現上更加多元化。

◇ 學習重點

➤ Embeds（響應式影片）、Dropdowns（下拉式選單）、Card（卡片）、Pagination（分頁）、Form（表單）等元件的運用。

➤ 使用 Bootstrap 圖示。

◇ 練習與成果檔案

➤ HTML 練習檔案：ch12 / Practice / index.html

➤ CSS 練習檔案：ch12 / Practice / css / style.css

➤ 成果檔案：ch12 / Final / index.html

➤ 教學影片：video/ch12.mp4

→ 首頁 / 廣告

→ 遊戲介紹

→ 場景介紹

→ 魔王攻擊招式

→ 聯繫資料

→ 頁腳

 載入文件

在 \<head\> ～ \</head\> 標籤中定義相關屬性內容與載入相關文件，說明如下：

◈ HTML

```
(01)  <!doctype html>
(02)  <html lang="en">
(03)  <head>
(04)      <meta charset="utf-8">
(05)      <title> 齊天大聖亂遊記 - 官方網站 </title>
(06)      <meta name="viewport" content="width=device-width, initial-
      scale=1">
(07)      <!-- css 文件載入 -->
(08)      <link rel="stylesheet" href="./css/bootstrap.min.css">
```

```
(09)        <link rel="stylesheet" href="https://cdn.jsdelivr.net/npm/
    bootstrap-icons@1.8.1/font/bootstrap-icons.css">
(10)        <link rel="stylesheet" href="./css/style.css">
(11)        <!-- js 文件載入 -->
(12)        <script src="js/bootstrap.bundle.min.js"></script>
(13) </head>
(14) <body>
(15)        網頁內容
(16) </body>
(17) </html>
```

◇ 解說

09：載入 Bootstrap 所提供的 icon CDN 文件。

12：載入 Bootstrap 的 bootstrap.bundle.min.js 文件。

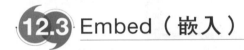 Embed（嵌入）

12.3.1 元件的使用

此節會針對廣告區塊的 HTML 內容重新撰寫，將原本的圖片替換成背景圖片，且在網頁中插入響應式影片，此區塊的 HTML 修改與解說如下：

◇ HTML

```
(15)  <!-- 頁首 / 開始 -->
(16)  <header>
(17)      <div class="container">
(18)          <div class="row">
(19)              <div class="col-8 offset-2">
(20)                  <div class="ratio ratio-16x9">
(21)                      <iframe src="https://www.youtube.com/embed/
    7o3v8zFo-S0" title="YouTube video"
(22)                          allowfullscreen></iframe>
(23)                  </div>
(24)              </div>
(25)          </div>
(26)      </div>
(27)  </header>
(28)  <!-- 頁首 / 結束 -->
```

◇ 解說

17：在 <div> 標籤中加入 container 類別以建立固定寬度的佈局。

18：在 <div> 標籤中加入 row 類別以建立水平群組列。

19：在 <div> 標籤中所要加入的類別如下：

    (1) col-8：無論在任何載具尺寸中，影片寬度皆佔 8 格。

    (2) offset-2：將欄位偏移 2 格，使影片可呈現在置中位置。

20：在 <div> 標籤中所要加入的類別如下：

    (1) ratio：使底下的 <iframe> 標籤具有響應式的效果。

    (2) ratio-16x9：使影片比例為 16:9。

21：影片的嵌入語法，嵌入語法取得方式請參閱 9.4.11 小節內容。

    影片網址：https://www.youtube.com/embed/7o3v8zFo-S0

12.3.2 定義 CSS 樣式

此區塊原本是透過 <img> 標籤來呈現 Banner 圖片，如今加入影片後則背景已無任何圖片，因此為了使目前廣告區塊背景仍保有原先的 Banner 圖片，故在 style.css 文件中建立 .header 選擇器，並將 Banner 圖片改成區塊的背景，屬性樣式建置重點如下：

1. 內距。

2. 背景圖來源、圖片的對齊位置、尺寸、X 與 Y 軸是否重複、背景圖片固定。

◇ CSS

```
.header{
    padding: 50px 0px; /* 上下內距值為 50px，左右內距值為零 */
    background-image: url(../images/Banner.jpg); /* 背景圖片來源 */
    background-position: center top; /* 圖片位置 */
    background-size: cover; /* 背景圖片尺寸 */
    background-repeat: no-repeat; /* 圖片是否重複產生 */
    background-attachment: fixed; /* 背景圖片固定 */
}
```

建置完樣式後，於 HTML 的第 16 行加入 header 類別，加入結果如下：

◇ HTML

```
(15) <!-- 頁首 / 開始 -->
(16) <header class="header">
(17)     <div class="container">
(18)         網頁內容 / 省略
(26)     </div>
(27) </header>
(28) <!-- 頁首 / 結束 -->
```

Dropdown（下拉式選單）

12.4.1 單一按鈕

Bootstrap 所提供的下拉式選單元件有兩種，為 1. 單一按鈕、2. 分割按鈕。

筆者已先將原本第 11 章的 HTML 內容進行改寫，使 MAC DOWNLOAD 改為「按鈕＋下拉式選單」樣式，此區塊的 HTML 內容修改與解說如下：

◇ HTML

```
(38)  <h2 class="text-warning text-center fw-bolder">DOWNLOAD</h2>
(39)     <div class="d-grid gap-2 mt-4">
(40)         <div class="btn-group">
(41)             <button type="button" class="btn btn-warning btn-lg
      fst-italic dropdown-toggle" data-bs-toggle="dropdown">MAC DOWNLOAD
      </button>
(42)             <ul class="dropdown-menu">
(43)                 <li><p class="dropdown-header"> 系統版本 </p></li>
(44)                 <li><a class="dropdown-item" hret="#">macOS Sierra
      </a></li>
(45)                 <li><a class="dropdown-item" href="#">OS X 10.11
      </a></li>
(46)                 <li><a class="dropdown-item" href="#">OS X 10.10
      </a></li>
(47)                 <li><a class="dropdown-item" href="#">OS X 10.9
      </a></li>
(48)                 <li><a class="dropdown-item" href="#">OS X 10.8
      </a></li>
(49)             </ul>
(50)         </div>
```

◇ 解說

40：在 \<div> 標籤中所要加入 `btn-group` 類別，此效果用於包覆按鈕與下拉式選單，如同群組的概念。故此類別的屬性內容主要用於定位。

41：在 \<button> 標籤中所要加入的類別與屬性如下：

(1) `dropdown-toggle`：增加 :after 偽類，使按鈕具有「▼」符號。

(2) `data-bs-toggle="dropdown"`：此屬性為宣告要使用 dropdown 下拉式選單。

42：在 <ul> 標籤中加入 `dropdown-menu` 類別，定義下拉式選單的樣式。

43：在 <p> 標籤中加入 `dropdown-header` 類別，將文字改為標題。

44 ～ 48：在 <a> 標籤中加入 `dropdown-item` 類別，調整下拉式選單的連結樣式。

12.4.2 分割式按鈕

此小節所要介紹的下拉式選單雖與 12.4.1 小節的效果相同，但在觸發下拉式選單的方式卻不相同，12.4.1 小節中的下拉式選單是以整個按鈕為主，但此節所要介紹的分割式下拉式選單，是由兩個按鈕所組成，其中一個僅顯示按鈕文字，另個則是以「▼」符號呈現並具有觸發下拉式選單的功能。

◇ HTML

```
(51)    <div class="btn-group">
(52)        <button type="button" class="btn btn-danger btn-lg fst-
        italic">PC DOWNLOAD</button>
(53)        <button type="button" class="btn btn-danger btn-lg dropdown-
        toggle dropdown-toggle-split" data-bs-toggle="dropdown">
(54)            <span class="visually-hidden">Toggle Dropdown</span>
(55)        </button>
(56)        <ul class="dropdown-menu">
(57)            <li><p class="dropdown-header"> 系統版本 </p></li>
(58)            <li><a href="#" class="dropdown-item">Windows 10</a></li>
```

```
(59)            <li><a href="#" class="dropdown-item">Windows 8</a></li>
(60)            <li><a href="#" class="dropdown-item">Windows 7</a></li>
(61)            <li><div class="dropdown-divider"></div></li>
(62)            <li><a href="#" class="dropdown-item disabled">Windows xp
      </a></li>
(63)         <ul>
(64)    </div>
```

◇ 解說

51：在 <div> 標籤中所要加入 btn-group 類別，以包覆按鈕與下拉式選單

53：在 <button> 標籤中所要加入的類別如下：

(1) dropdown-toggle：使按鈕具有「▼」符號。

(2) dropdown-toggle-split：與單顆按鈕幾乎相同的樣式下，額外多了左右內距值，使與 PC DOWNLOAD 按鈕間產生些許的間隔。

(3) data-bs-toggle="dropdown"：此屬性為宣告要使用 dropdown 下拉式選單。

56：在 <ul> 標籤中所要加入 dropdown-menu 類別，以定義下拉式選單的樣式。

58 ～ 60 與 62：在 <a> 標籤中加入 dropdown-item 類別，調整下拉式選單的連結樣式。

61：在 <div> 標籤中加入 dropdown-divider 類別，以呈現分隔線。

62：在 <a> 標籤中加入 disabled 類別，使連結改為禁用。

12.5 Card（卡片）

原先 Bootstrap 中的 Thumbnails（縮圖）、Wells（凹陷容器）與 Panel（面板）三種元件，在 Bootstrap v4 版之後已進行整合，改為 Card（卡片）。故 Card（卡片）元件成為一個具有多種變化和具有選擇性的擴展容器。

Card 元件分為頁首、內容與頁腳三個區塊，可依需求搭配使用，但也不一定要同時使用三個區塊。

12.5.1 元件的使用

筆者已先將原本第 11 章的 HTML 內容進行改寫，使場景圖片改為 Card 元件的 HTML 結構，此區塊的 HTML 內容建置與解說如下：

◇ HTML

```
(71)   <!-- 場景介紹 / 開始 -->
(72)   <section class="box-30">
(73)       <div class="container">
(74)           <h2 class="text-center mb-4 fw-bold">場景介紹 </h2>
(75)           <div class="row">
(76)               <div class="col-sm-6 col-md-3 mb-4">
(77)                   <div class="card bg-light p-1">
(78)                       <img src="images/Scene1.jpg" alt=" 第一關：
      石器時代 " class="card-img-top w-100">
(79)                       <div class="card-body">
(80)                           <p class="text-danger text-center">第一關：
      石器時代 </p>
(81)                           <a href="#" class="btn btn-danger w-100">
      更多訊息 </a>
(82)                       </div>
(83)                   </div>
(84)               </div>
(85)               <div class="col-sm-6 col-md-3 mb-4">
(86)                   <div class="card bg-light p-1">
(87)                       <img src="images/Scene2.jpg" alt=" 第二關：海盜船 "
      class="card-img-top w-100">
(88)                       <div class="card-body">
(89)                           <p class="text-danger text-center">第二關：
      海盜船 </p>
```

```
(90)                              <a href="#" class="btn btn-danger w-100">
      更多訊息 </a>
(91)                          </div>
(92)                      </div>
(93)                  </div>
(94)              <div class="col-sm-6 col-md-3 mb-4">
(95)                  <div class="card bg-light p-1">
(96)                      <img src="images/Scene3.jpg" alt=" 第三關：
      埃及金字塔 " class="card-img-top img-fluid w-100">
(97)                      <div class="card-body">
(98)                          <p class="text-danger text-center"> 第三關：
      埃及金字塔 </p>
(99)                          <a href="#" class="btn btn-danger w-100">
      更多訊息 </a>
(100)                     </div>
(101)                 </div>
(102)             </div>
(103)             <div class="col-sm-6 col-md-3 mb-4">
(104)                 <div class="card bg-light p-1">
(105)                     <img src="images/Scene4.jpg" alt=" 第四關：
      羅馬競技場 " class="card-img-top img-fluid w-100">
(106)                     <div class="card-body">
(107)                         <p class="text-danger text-center"> 第四關：
      羅馬競技場 </p>
(108)                         <a href="#" class="btn btn-danger w-100">
      更多訊息 </a>
(109)                     </div>
(110)                 </div>
(111)             </div>
(112)         </div>
(113)     </div>
(114) </section>
(115) <!-- 場景介紹 / 結束 -->
```

◇ 解說

77、86、95、104：將此四行原先的 border、border-secondary、rounded 三個類別進行修改，所要修改的類別說明如下：

(1) card：如同群組的概念，類別本身具有位置、邊框與圓角等屬性。

(2) bg-light：將背景顏色改為高亮。

(3) p-1：調整內距的距離。

78、87、96、105：將 <img> 標籤中原先的 img-fluid 類別修改為 card-img-top 類別，以將圖片置於卡片的頂部。反之，card-img-bottom 類別則是將圖片放置卡片的底部。

79、88、97、106：將 <div> 標籤中原先的 mt-3 類別修改為 card-body 類別，以調整內距值。

80、89、98、107：在 <p> 標籤中新增 text-danger 類別，以將文字顏色改為紅色。

81、90、99、108：在 <a> 標籤中所加入的類別如下：

(1) btn：套用 Bootstrap 的按鈕樣式。

(2) btn-danger：使按鈕變為紅色。

(3) w-100：使按鈕寬度延伸到父容器的寬度。

＼＼∖∥∥／／
補充說明

<a> 與 <button> 兩種標籤都可使用按鈕的 CSS 類別進行美化。

12.6 Pagination（分頁）

分頁元件是一種無序列表，常運用在大量資訊需換頁切換的內容中，如最新消息的換頁功能。此區塊的 HTML 內容建置與解說如下：

12.6.1 元件的使用

在第 113 行之後，建置分頁元件的 HTML 內容，此區塊的分頁元件解說如下：

◇ HTML

```
(113) <!-- 分頁 / 開始 -->
(114) <div class="mt-5">
(115)     <nav>
(116)         <ul class="pagination justify-content-center">
(117)             <li class="page-item">
(118)                 <a class="page-link" href="#" aria-label="Previous">
(119)                     <span aria-hidden="true">&laquo;</span>
(120)                 </a>
(121)             </li>
(122)             <li class="page-item disabled">
(123)                 <a class="page-link" href="#">1</a>
(124)             </li>
(125)             <li class="page-item">
(126)                 <a class="page-link" href="#">2</a>
(127)             </li>
(128)             <li class="page-item">
(129)                 <a class="page-link" href="#">3</a>
(130)             </li>
(131)             <li class="page-item">
(132)                 <a class="page-link" href="#" aria-label="Next">
(133)                     <span aria-hidden="true">&raquo;</span>
(134)                 </a>
(135)             </li>
(136)         </ul>
(137)     </nav>
(138) </div>
(139) <!-- 分頁 / 結束 -->
```

◇ 解說

116：在 <ul> 標籤中所要加入的類別如下：

(1) pagination：定義 pagination 的樣式。

(2) justify-content-center：使容器呈現水平置中。

117、122、125、128、131：在 <li> 標籤中加入 page-item 類別，類別本身不具任何樣式屬性，但與底下的 page-link 類別為子選擇器關係，故此才可使底下的 page-link 類別順利呈現出效果。

118、123、126、129、132：在 <a> 標籤中加入 page-link 類別以套用相關樣式，如背景顏色、文字顏色、邊框顏色，以及滑入與滑出時的效果。

118 與 132：分別在此兩行中加入 aria-label="Previous" 與 aria-label="Next" 屬性與屬性值，供螢幕閱讀器使用。

119 與 133：在 <span> 標籤中加入 aria-hidden="true" 屬性與屬性值。作用為，當在瀏覽器中無法正確顯示圖示時，此屬性可將圖示隱藏起來。

119：«，此編碼為 HTML 中的上一頁特殊符號。

133：»，此編碼為 HTML 中的下一頁特殊符號。

122：在 <li> 標籤中加入 disabled 類別，使連結按鈕改為禁用。

Form（表單）

12.7.1 元件的使用

此節已將原先的兩欄式佈局改為一欄式（捨棄聯絡資訊的內容），並以卡片元件結構進行佈局，加上表單樣式進行調整，此區塊的 HTML 內容建置與解說如下：

◇ HTML

```
(201) <!-- 改善建議與聯絡資訊 / 開始 -->
(202) <section class="box-30">
(203)     <div class="container">
(204)         <div class="row">
(205)             <!-- 改善建議 / 開始 -->
(206)             <div class="col-md-8 mx-auto">
(207)                 <form>
(208)                     <div class="card border-success w-100">
(209)                         <div class="card-header bg-success">
(210)                             <h3 class="text-white"> 聯繫資料填寫 </h3>
(211)                         </div>
(212)                         <div class="card-body">
(213)                             <div class="input-group input-group-lg
    mb-2">
(214)                                 <span class="input-group-text">
(215)                                     <i class="bi bi-person-fill"></i>
(216)                                 </span>
(217)                                 <input type="text" class="form-
control" placeholder=" 請輸入真實姓名 ">
(218)                             </div>
(219)                             <div class="input-group input-group-lg
    mb-2">
(220)                                 <span class="input-group-text">
(221)                                     <i class="bi bi-envelope-fill"></i>
(222)                                 </span>
(223)                                 <input type="text" class="form-
control" placeholder=" 請輸入電子郵件 ">
(224)                             </div>
(225)                             <div class="input-group input-group-lg
    mb-2">
(226)                                 <span class="input-group-text">
(227)                                     <i class="bi bi-telephone-
fill"></i>
```

```
(228)                                    </span>
(229)                                    <input type="text" class="form-
     control" placeholder=" 請輸入手機號碼 ">
(230)                                </div>
(231)                                <h3 class="text-success mt-3"> 從何處得知
     此款遊戲 ( 可複選 )</h3>
(232)                                <div class="form-check">
(233)                                <input class="form-check-input"
     type="checkbox" value=" 電視廣告 " id="options1">
(234)                                <label class="form-check-label"
     for="options1"> 電視廣告 </label>
(235)                                </div>
(236)                                <div class="form-check">
(237)                                <input class="form-check-input"
     type="checkbox" value=" 報章雜誌 " id="options2">
(238)                                <label class="form-check-label"
     for="options2"> 報章雜誌 </label>
(239)                                </div>
(240)                                <div class="form-check">
(241)                                <input class="form-check-input"
     type="checkbox" value=" 數位廣告 " id="options3">
(242)                                <label class="form-check-label"
     for="options3"> 數位廣告 </label>
(243)                                </div>
(244)                                <div class="form-check">
(245)                                <input class="form-check-input"
     type="checkbox" value=" 其他 " id="options4">
(246)                                <label class="form-check-label"
     for="options4"> 其他 </label>
(247)                                </div>
(248)                                <button type="submit" class="btn btn-
     primary btn-lg w-100 mt-3"> 送出 </button>
(249)                            </div>
(250)                        </div>
(251)                    </form>
(252)                </div>
(253)            <!-- 改善建議 / 結束 -->
(254)            </div>
(255)        </div>
(256) </section>
(257) <!-- 改善建議與聯絡資訊 / 結束 -->
```

◇ 解說

206：在 <div> 標籤中所要加入 mx-auto 類別，使整體網格呈現置中對齊。

208：在 <div> 標籤中所要加入的類別如下：

(1) card：如同群組的概念，類別本身已具有位置、邊框與圓角等屬性。

(2) border-success：使邊框顏色改為綠色。

(3) w-100：將寬度調整為 100%。

209 行：在 <div> 標籤中所要加入的類別如下：

(1) card-header：套用卡片頁首的樣式，如內距、背景顏色等屬性。

(2) bg-success：使頁首背景顏色改為綠色。

210：在 <h3> 標籤中加入 text-white 類別，使文字顏色改為白色。

212：在 <div> 標籤中所要加入 card-body 類別，以套用卡片主要內容的樣式，如內距。

213、219、225：在 <div> 標籤中所要加入的類別如下：

(1) input-group：包覆底下輸入框內容。

(2) input-group-lg：修改輸入框尺寸。

(3) mb-2：調整下方外距的距離。

214、220、226：在 <span> 中加入 input-group-text 類別，使輸入框中還可包覆其他內容。

215、221、227：在 <i> 標籤中添加 Bootstrap 的 icon 圖示，依序為使用者（person）、信件（envelope）、電話（telphone）三種圖示。

231：在 <h3> 標籤中所要加入的類別如下：

(1) text-success：使文字顏色改為綠色。

(2) mt-3：調整上方外距的距離。

232、236、240、244：在 <div> 標籤中加入 form-check 類別，除了包覆底下的內容外，並使整體作為點選的範圍，同時還具有下方外距屬性，以產生間隔。

248：在 \<button\> 標籤中所要加入的類別如下：

(1) btn：套用 Bootstrap 的按鈕樣式。

(2) btn-primary：使按鈕變為藍色。

(3) btn-lg：使按鈕尺寸變大。

(4) w-100：使按鈕寬度延伸到父容器的寬度。

(5) mt-3：調整上方外距的距離。

Javascript
的使用

13.1 實作概述

Bootstrap 提供數種互動效果來提升網頁的互動性,且均以 jQuery Library 為基底,因此網頁中若要使用這些互動效果則必須載入 jQuery 文件,否則互動效果會無法正常使用。

互動效果的使用上僅須透過 data 屬性就能觸發,且多數效果是無需撰寫 JavaScript 腳本,但某幾個互動效果還是得依賴 JavaScript 才可啟動。除此之外,每個互動效果本身還有數種屬性供開發者進行調整。

此章節的範例檔案為延續第 12 章節的成果檔案,且會搭配既有的內容作為效果觸發,以提升網頁的互動性。

◇ 學習重點

➢ Popovers(彈出提示框):效果運用在場景介紹的四張圖片中,當滑鼠滑入圖片時可看到其他資訊。

➢ Collapse(摺疊效果):效果運用在聯繫資料填寫表單中的取消按鈕,當點擊取消按鈕後可展開原先隱藏的訊息。

➢ Modals(互動視窗):效果套用在聯繫資料填寫表單中的送出按鈕,當點擊送出按鈕後會彈跳出互動視窗。

◇ 練習與成果檔案

➢ HTML 練習檔案:ch13 / Practice / index.html

➢ CSS 練習檔案:ch13 / Practice / css / style.css

➢ 成果檔案:ch13 / Final / index.html

➢ 教學影片:video/ch13.mp4

13.2 Popovers（彈出提示框）

Popovers（彈出提示框）效果的作用是在觸發內容之上、下、左、右四個方向加入額外的資訊。需注意的是，若標題與內容長度為零（無內容）時則不會顯示此效果。

此節會針對場景介紹的四張圖片進行 HTML 內容修改，使當滑鼠滑入圖片時會彈出 Popovers 效果，藉此呈現額外的場景資訊，此區塊的 HTML 修改與解說如下：

◇ 第一關 HTML

```
(76)  <div class="col-sm-6 col-md-3 mb-4">
(77)      <div class="card bg-light p-1">
(78)          <a href="#" data-bs-container="body" data-bs-
      toggle="popover" data-bs-placement="top" title="石器時代" data-bs-
      content="孫悟空習得技能：金箍棒迴力鏢" data-bs-trigger="hover">
(79)              <img src="images/Scene1.jpg" alt="第一關：石器時代"
      class="card-img-top w-100">
(80)          </a>
(81)          <div class="card-body">
(82)              <p class="text-danger text-center">第一關：石器時代</p>
(83)              <a href="#" class="btn btn-danger w-100">更多訊息</a>
(84)          </div>
(85)      </div>
(86)  </div>
```

◇ 解說

78：藉由超連結 <a> 標籤包覆圖片來做為 Popovers 的觸發效果。在 <a> 標籤所要加入的 Popovers 屬性如下：

(1) data-bs-container="body"：進行指定，避免在更複雜的組件中出現渲染問題。

(2) data-bs-toggle="popover"：宣告要使用 popover 效果。

(3) data-bs-placement="top"：彈出訊息的方向為上方。

(4) title=" 石器時代 "：彈出訊息的標題。

(5) data-bs-content=" 孫悟空習得技能：金箍棒迴力鏢 "：彈出的訊息內容。

(6) `data-bs-trigger="hover"`：將預設 click（點擊）觸發方式改為 hover（滑入），若預設為 Click 時則不需加入此屬性。

\\\\\\ //////
補充說明 ////

(1) data-bs-trigger 屬性作用為如何觸發 popover 效果，本身提供了四種觸發狀態的調整，有 1. click、2. hover、3. focus、4. manual，預設為「click（點擊）」，在此範例則改為「hover（滑入）」觸發。

(2) data-bs-placement 屬性作為為 popover 的彈出方向，有 1. auto、2. top、3. bottom、4. left、5. right 五種。

將 HTML 文件移至最底部，並在 footer 標籤之後新增下列 Script 語法，使滑入圖片時可啟用 popover 效果。

◇ HTML

```
<script>
    //popover
    var popoverTriggerList = [].slice.call(document.
    querySelectorAll('[data-bs-toggle="popover"]'))
    var popoverList = popoverTriggerList.map(function (popoverTriggerEl) {
        return new bootstrap.Popover(popoverTriggerEl)
    })
</script>
```

此語法的涵意為當 HTML 內容中具有「data-bs-toggle="popover"」屬性時會觸發 popover 效果。

如同上述製作第一關 popover 的 HTML 內容，於第二關至第四關的 <a> 標籤中添加 popover 屬性，使各關卡圖片具有 popover 效果，各關卡的 HTML 如下：

◇ 第二關－ HTML

```
(89) <a href="#" data-bs-container="body" data-bs-toggle="popover" data-bs-
     placement="top" title=" 海盜船 " data-bs-content=" 孫悟空習得技能：金箍棒連續
     刺擊 " data-bs-trigger="hover">
(90)     <img src="images/Scene2.jpg" alt=" 第二關：海盜船 " class="card-
     img-top">
(91) </a>
```

◇ 第三關－ HTML

```
(100) <a href="#" data-bs-container="body" data-bs-toggle="popover" data-bs-
      placement="top" title=" 埃及金字塔 " data-bs-content=" 孫悟空習得技能：分身術
      " data-bs-trigger="hover">
(101)     <img src="images/Scene3.jpg" alt=" 第三關：埃及金字塔 " class="card-
      img-top">
(102) </a>
```

◇ 第四關－ HTML

```
(111) <a href="#" data-bs-container="body" data-bs-toggle="popover" data-bs-
      placement="top" title=" 羅馬競技場 " data-bs-content=" 孫悟空習得技能：瞬間移
      動 " data-bs-trigger="hover">
(112)     <img src="images/Scene4.jpg" alt=" 第四關：羅馬競技場 " class="card-
      img-top">
(113) </a>
```

13.3 Collapse（摺疊）

Collapse（摺疊）的效果彷如手風琴，可使用 <button> 或 <a> 兩標籤作為 Collapse 效果觸發器，以對指定內容進行展開與收合。展開時，位於下方的區塊會順勢往下移動，反之收合時則往上移動。

此節會以聯繫資料填寫表單中的取消按鈕為例，當點擊取消按鈕後可展開提示訊息。由於目前表單中未有取消按鈕，故此節流程會先建置取消按鈕後再加入

Collapse（摺疊）內容，此區塊的 HTML 內容建置與解說如下：

13.3.1 取消按鈕建置

◇ 取消按鈕－ HTML

```
(256) <button class="btn btn-secondary btn-lg w-100" type="button" data-
      bs-toggle="collapse" data-bs-target="#cancel">取消 </button>
(257) <!-- 取消內容 / 開始 -->
(258) <div>
(259)     <div>獎品有限，若您尚未填寫請加快腳步填寫後送出。</div>
(260) </div>
(261) <!-- 取消內容 / 結束 -->
(262) <button type="submit" class="btn btn-primary btn-lg w-100 mt-3">送出
      </button>
```

◇ 解說

256：在 <button> 標籤中所要加入的類別與屬性如下：

(1) `btn`：套用 Bootstrap 的按鈕樣式。

(2) `btn-secondary`：使按鈕變為灰色。

(3) `btn-lg`：使按鈕尺寸變大。

(4) `w-100`：使按鈕寬度延伸到父容器的寬度。

(5) `data-bs-toggle="collapse"`：此屬性為宣告要使用 collapse 效果。

(6) `data-bs-target="#cancel"`：此屬性為觸發器，且需指定要控制摺疊區塊的 id 名稱（名稱可依需求自定義，但須與要控制的區塊 id 值相同）。

13.3.2 摺疊內容建置

摺疊內容的建置位於取消按鈕之後,此區塊的 HTML 內容建置與解說如下:

◇ 摺疊內容－ HTML

```
(256) <button class="btn btn-secondary btn-lg w-100" type="button" data-
      bs-toggle="collapse" data-bs-target="#cancel">取消 </button>
(257) <!-- 取消內容 / 開始 -->
(258) <div class="collapse" id="cancel">
(259)     <div class="card card-body bg-danger rounded-0 text-white">獎品
      有限,若您尚未填寫請加快腳步填寫後送出。</div>
(260) </div>
(261) <!-- 取消內容 / 結束 -->
(262) <button type="submit" class="btn btn-primary btn-lg w-100 mt-3">送出
      </button>
```

◇ 解說

258:在 <div> 標籤中所要加入的類別與屬性如下:

(1) collapse:此樣式會使區塊預設為隱藏物件。當展開時,js 會在 collapse 類別之後多加 show 類別。

(2) cancel：此屬性值需與觸發按鈕的 data-bs-target 屬性值相同，如此才可觸發 collapse 效果。

259：在 <div> 標籤中所要加入的類別如下：

(1) card：如同群組的概念，類別本身已具有位置、邊框與圓角等屬性。

(2) card-body：調整內距值。

(3) bg-danger：將背景顏色改為紅色。

(4) rounded-0：使 card 樣式中的圓角屬性歸零，改以直角呈現。

(5) text-white：將文字顏色改為白色。

13.4 Modal（互動視窗）

Modal（互動視窗）效果是在被觸發後，網頁上會先覆蓋一層黑色的半透明遮罩，於遮罩之上再呈現視窗畫面。該視窗有如精簡的框架，可加入表單、表格或文字等資訊，使視窗中的內容更有彈性。

此節會以聯繫資料填寫中的送出按鈕作為觸發器，當點擊送出按鈕後會跳出互動視窗，並於互動視窗中加入確認送出內容，故所增加的屬性與解說如下：

13.4.1 觸發按鈕修改

◇ HTML

```
(262) <button type="button" class="btn btn-primary btn-lg w-100 mt-3"
      data-bs-toggle="modal" data-bs-target="#myModal">送出</button>
```

◇ 解說

262：在 <button> 標籤中所要加入的屬性如下：

(1) data-bs-toggle="modal"：此屬性為宣告要使用 modal 互動
視窗效果。

(2) data-bs-target="#myModal"：此屬性為觸發器，且需指定
要控制互動視窗區塊的 id 名稱（名稱可依需求自定義，但須與要呈
現視窗的區塊 id 值相同）。

13.4.2 Modal 視窗建置

互動視窗內容的建置位於改善建議之後，此區塊的 HTML 內容建置與解說如下：

◇ Modal 內容－ HTML

```
(263) <!-- Modal/ 開始 -->
(264) <div class="modal fade" id="myModal" tabindex="-1">
(265)     <div class="modal-dialog modal-lg">
(266)         <!-- Modal content-->
(267)         <div class="modal-content">
(268)             <div class="modal-header">
(269)                 <h4 class="modal-title"> 聯繫資料填寫 </h4>
(270)                 <button type="button" class="btn-close" data-bs-
      dismiss="modal"></button>
(271)             </div>
(272)             <div class="modal-body">
(273)                 <p> 感謝您的填寫，聯繫資料已送出，請注意兌獎日期 </p>
(274)             </div>
(275)             <div class="modal-footer">
(276)                 <button type="button" class="btn btn-danger" data-
      bs-dismiss="modal">關閉 </button>
(277)             </div>
(278)         </div>
```

```
(279)      </div>
(280) </div>
(281) <!-- Modal/ 結束 -->
```

◇ 解說

264：在 <div> 標籤中所要加入的類別與屬性如下：

(1) `modal`：為 modal 視窗的基礎樣式，使視窗固定在畫面上某個位置。

(2) `fade`：使彈出的互動視窗具有淡入與淡出的效果，若不加入 fade 類別時則彈出的效果會以直接切換的方式顯示出來。

(3) `id="myModal"`：此屬性值需與觸發按鈕的 data-target 屬性值相同，如此才可觸發 Modal 效果。

(4) `tabindex="-1"`：此屬性可調整標籤在按下鍵盤 tab 鍵後的控制順序，當選到後會以焦點的效果呈現。當 tabindex 屬性值為 -1 時，該標籤就變成可由程式碼獲得焦點狀態，但本身不在鍵盤 tab 鍵的順序列表中，也就是說，當按下 tab 鍵時，該標籤不能獲取到焦點但可透過程式碼來獲得。

265：在 <div> 標籤中所要加入的類別與屬性如下：

(1) `modal-dialog`：使 modal 具有基礎樣式與寬度。

(2) `modal-lg`：將 modal 視窗的寬度變寬，若不加此類別時則 modal 視窗會以既定的尺寸呈現；反之也可加入 modal-sm 類別來縮小 modal 視窗的寬度。

267：在 <div> 標籤中加入 `modal-content` 類別，以定義互動視窗的內容範圍。互動視窗中所需要的頁首、內容與頁腳都須包覆其中。

268：在 <div> 標籤中加入 `modal-header` 類別，以建置互動視窗的頁首內容。

269：在 <h4> 標籤中加入 `modal-title` 類別以調整文字樣式。

270：在 <button> 標籤中所要加入的類別與屬性如下：

(1) `btn-close`：使按鈕顯示出「X」的樣式。

(2) `data-bs-dismiss="modal"`：此屬性為當點擊按鈕後會關閉互動視窗。

272：在 <div> 標籤中加入 modal-body 類別，以建置互動視窗的主要內容，如文字訊息、表格或圖片等內容都添加在此。

275：在 <div> 標籤中加入 modal-footer 類別，以建置互動視窗的頁腳內容，一般而言會有「送出」、「儲存」或「關閉」等功能性按鈕。

276：在 <button> 標籤中所要加入的類別與屬性如下：

(1) btn：套用 Bootstrap 的按鈕樣式。

(2) btn-danger：使按鈕變為紅色。

(3) data-bs-dismiss="modal"：此屬性為當點擊按鈕後會關閉互動視窗，與第 270 行是相同做法。

遊戲活動版型

14.1 實作概述

投票與排行榜是網路上常見的宣傳手法之一,藉由投票的競賽方式吸引民眾參與,並在活動日期內與其他參與者進行排名比拼,最終以獲得對應排名的禮物;有的則是作品投票加排行榜、或者是透過遊戲來記錄玩家的分數,無論是何種活動或比賽內容,此類型的網站在頁面內容部分基本上會有 1. 活動辦法 / 基本介紹、2. 名次排行、3. 作品投票或相關連結三種內容。

本章以遊戲活動網站為例,網站結構分為 1. 遊戲封面與連結、2. 關卡介紹、3. 排行榜與 4. 活動規則四種區塊內容。

◇ 學習重點

➤ 網格佈局。

➤ CSS:Typography(文字排版)、Utilities(輔助類別)。

➤ 元件:Card(卡片)。

➤ 其他:Bootstrap 圖示、CSS 動畫。

◇ 練習與成果檔案

　➤ HTML 練習檔案：ch14 / Practice / index.html

　➤ CSS 練習檔案：ch14 / Practice / css / style.css

　➤ 成果檔案：ch14 / Final / index.html

　➤ 教學影片：video/ch14.mp4

 # 14.2 載入文件

在 <head> ～ </head> 標籤中定義相關屬性內容與載入相關文件，說明如下：

◇ HTML

```
(01) <!DOCTYPE html>
(02) <html lang="en">
(03) <head>
(04)     <meta charset="UTF-8">
(05)     <meta name="viewport" content="width=device-width, initial-
    scale=1.0">
(06)     <meta http-equiv="X-UA-Compatible" content="ie=edge">
(07)     <title>婚禮遊戲 </title>
(08)     <!-- css 文件載入 -->
(09)     <link rel="stylesheet" href="./css/bootstrap.min.css">
(10)     <link rel="stylesheet" href="https://cdn.jsdelivr.net/npm/
    bootstrap-icons@1.8.1/font/bootstrap-icons.css">
(11)     <link rel="stylesheet" href="./css/style.css">
(12) </head>
(13) <body>
(14)     網頁內容
(15) </body>
(16) </html>
```

◇ 解說

　05：設定網頁在載具上的縮放基準。

　07：將網頁標題改為「婚禮遊戲」。

　09：載入 Bootstrap 的 CSS 樣式文件。

10：載入 Bootstrap 所提供的 icon CDN 文件。

11：載入自己所撰寫的 CSS 樣式文件。

 ## 14.3 切版前說明

當工程師拿到網頁設計稿時，除了要思考各內容區塊的佈局是要採用 container（固定寬度）或 container-fluid（滿版寬度）之外，還要思考各區塊內容的斷點為何，待佈局架構清晰後才開始進行網頁的切版，常見的切版方式有下列兩種：

1. 將不同內容視為一組區塊，例如 Banner 與 menu，這就視為兩組區塊，將區塊所需的佈局與內容都建置完畢後才著手下一組區塊的建置。

2. 先將所有網格佈局完成後才著手製作各區塊內容。

上述兩者做法並無絕對的對錯，一切依照個人切版習慣或依照設計稿來決定採用何種方式較適當，此範例在切版上以第一種方式將各區塊分開建置為主。

除此之外，當在建置網頁時，為了能明確了解與編輯各區塊的內容，筆者通常會先利用註解標籤的方式進行相關標註，待網頁建置完畢後可選擇是否要刪除註解內容。後續的所有範例均會採用註解的做法，除了有助於網頁的建置，也有助於讀者對於區塊的需求理解。

14.4 背景樣式

根據設計稿的結果，網頁的背景並非純色而是以圖片呈現，故在 style.css 文件中以 body 標籤作為選擇器，並撰寫相關樣式來調整 HTML 內容，屬性樣式建置重點如下：

1. 內外距屬性值的調整。

2. 背景顏色與圖片。

3. 背景圖片的排列方式。

◇ CSS

```
body{
    margin: 0; /* 外距值歸零 */
    padding: 0; /* 內距值歸零 */
    background: #ae8762 url('../images/bg.jpg'); /* 背景顏色與圖片 */
    background-repeat: no-repeat; /* 圖片不重複 */
    background-position: top center; /* 圖片的水平位置為置中；垂直位置為靠上 */
}
```

建置完樣式後，可透過瀏覽器檢視網頁，此時網頁的背景已是設定的圖片。

 ## 14.5 遊戲封面與連結

14.5.1 內容建置

在頁首區塊的設計為呈現遊戲的封面圖片以及遊戲開始的連結按鈕，此區塊的 HTML 內容建置與解說如下：

遊戲封面與遊戲按鈕圖片兩素材，在網格佈局部分當小於 768 px 時會以 12 格欄位為主，當大於 768 px 以上時則以 10 格欄位為主。

補充說明

若內容在任何尺寸中之網格均以 12 格呈現時，可允許不加 col-12 類別。

◇ HTML

```
(14)    <!-- 遊戲封面 /start -->
(15)    <header class="container">
(16)        <div class="row">
(17)            <div class="col-md-10">
(18)                <img src="images/role.png" alt=" 婚禮遊戲 ">
(19)                <a href="#" target="_blank">
(20)                    <img src="images/start.png" alt="games start">
(21)                </a>
(22)            </div>
(23)        </div>
(24)    </header>
(25)    <!-- 遊戲封面 /end -->
```

◇ 解說

15：建立 <header> 標籤並加入 container 類別以建立固定寬度的佈局。

16：建立 <div> 標籤並加入 row 類別以建立水平群組列。

17：建立 <div> 標籤並加入 col-md-10 類別，使當大於 768px 尺寸時網格會改以 10 格呈現，反之小於時則以 12 格呈現。

18：建立 <img> 標籤並連結 images 資料夾的 role.png 圖片，以及設定 alt 屬性值為「婚禮遊戲」。

19：建立 <a> 標籤，且 target 屬性設為 _blank（開新分頁）。

20：建立 <img> 標籤並連結 images 資料夾的 start.png 圖片，以及設定 alt 屬性值為「game start」。

14.5.2 輔助類別

此節會針對 HTML 中的特定標籤進行修改，改用 Bootstrap 所提供的輔助類別來完成頁面調整與美化的製作，此區塊所使用的輔助類別與解說如下：

1. 不同區塊與元件間的距離。

2. 封面與開始遊戲兩張圖片的呈現效果。

◈ HTML

```
(14)    <!-- 遊戲封面 /start -->
(15)    <header class="container mt-5">
(16)        <div class="row">
(17)            <div class="col-md-10 mx-md-auto">
(18)                <img src="images/role.png" alt=" 婚禮遊戲 " class="img-
        fluid mx-auto d-block mt-5">
(19)                <a href="#" target="_blank">
(20)                    <img src="images/start.png" alt="games start"
        class="mx-auto d-block mt-5">
(21)                </a>
(22)            </div>
(23)        </div>
(24)    </header>
(25)    <!-- 遊戲封面 /end -->
```

◈ 解說

15：在 <header> 標籤中加入 mt-5 類別，以調整上方外距的距離。

17：在 <div> 標籤中加入 mx-md-auto 類別，使網格大於 768px 時可進行置中對齊。

18：在 <img> 標籤中所加入的類別如下：

    (1) img-fluid：使圖片尺寸可依據父容器的寬度自動縮放以達到彈性圖片結果。

    (2) mx-auto：使圖片進行置中對齊，置中對齊須搭配 d-block 類別才可呈現出效果。

    (3) d-block：將區塊改為 block 屬性，搭配 mx-auto 類別時，才可產生水平置中的效果。

    (4) mt-5：調整上方外距的距離。

20：在 \<img\> 標籤中所加入的類別如下：

(1) mx-auto：使圖片進行置中對齊，置中對齊須搭配 d-block 類別才可呈現出效果。

(2) d-block：將區塊改為 block 屬性，搭配 mx-auto 類別時，才可產生水平置中的效果。

(3) mt-5：調整上方外距的距離。

14.5.3 定義 CSS 樣式

依據設計的需求，「開始遊戲」圖片自身會不斷的進行放大與縮小動作，藉由視覺上的跳動吸引民眾點擊，以提升遊戲的被玩次數。

在 style.css 文件中建立 .start-btn 選擇器，並依照 CSS 3 動畫的標準規範進行動畫控制屬性的建置，同時搭配一組關鍵影格（關鍵影格負責動畫要如何呈現），藉由此兩組內容的搭配才能使開始遊戲按鈕呈現出所期許的動畫效果，屬性樣式建置重點如下：

1. 動畫的各種控制屬性建置。

2. 關鍵影格內容，負責調整圖片尺寸的大小。

◇ CSS

```
.start-btn{
    animation-name: start-btn; /* 動畫的關鍵影格名稱 */
    animation-duration: .5s; /* 動畫播放一次的秒數 */
    animation-timing-function: ease; /* 動畫轉變時的加速曲線 */
    animation-delay: 0s; /* 延遲播放時間 */
    animation-iteration-count: infinite; /* 動畫重複的次數 */
    animation-direction: alternate; /* 動畫播放完畢後會反向回播 */
}
@keyframes start-btn {
    0% {
        transform: scale(1, 1); /* 動畫在 0% 時的尺寸比例 */
    }
    100% {
        transform: scale(1.1, 1.1); /* 動畫在 100% 時的尺寸比例，放大 1.1 倍 */
    }
}
```

建置完樣式後，於 HTML 的第 20 行加入 `start-btn` 類別，加入結果如下：

◇ HTML

```
(14) <!-- 遊戲封面 /start -->
(15) <header class="container mt-5">
(16)     網頁內容 - 省略
(19)             <a href="#" target="_blank">
(20)                 <img src="./images/start.png" alt="game start"
    class="mx-auto d-block mt-5 start-btn">
(21)             </a>
(22)     網頁內容 - 省略
(23) </header>
(24) <!-- 遊戲封面 /end -->
```

14.6 遊戲關卡

14.6.1 內容建置

遊戲關卡區塊的設計為單純顯示四個關卡的圖片，此區塊的 HTML 內容建置與解說如下：

1. 標題圖片的網格佈局：以 12 格欄位為主。

2. 四張關卡圖片的網格佈局：以 768px 作為斷點，大於時每張圖片佔用 3 格欄位；小於時每張圖片佔用 6 格欄位。

◈ HTML

```
(26)    <!-- 遊戲關卡 /start -->
(27)    <section class="container">
(28)        <div class="row">
(29)            <div>
(30)                <img src="images/MenuText.png" alt=" 遊戲關卡 ">
(31)            </div>
(32)            <div class="col-6 col-md-3">
```

```
(33)              <img src="images/Menu1.png" alt=" 第一關 ">
(34)          </div>
(35)          <div class="col-6 col-md-3">
(36)              <img src="images/Menu2.png" alt=" 第二關 ">
(37)          </div>
(38)          <div class="col-6 col-md-3">
(39)              <img src="images/Menu3.png" alt=" 第三關 ">
(40)          </div>
(41)          <div class="col-6 col-md-3">
(42)              <img src="images/Menu4.png" alt=" 第四關 ">
(43)          </div>
(44)      </div>
(45)  </section>
(46)  <!-- 遊戲關卡 /end -->
```

◇ 解說

27：建立 <section> 標籤並加入 `container` 類別以建立固定寬度的佈局。

28：建立 <div> 標籤並加入 `row` 類別以建立水平群組列。

30：建立 <img> 標籤並連結 images 資料夾的 MenuText.png 圖片，以及設定 alt 屬性值為「遊戲關卡」。

32、35、38、41：網格佈局，當瀏覽器寬度 ≧ 768px 時欄寬會分割為 4 等份，當 <768px 時則會分割為 2 等份。

33、36、39、42：建立 <img> 標籤並連結 images 資料夾的 Menu1.png ～ Menu4.png 圖片，以及設定 alt 屬性值為「第一關～第四關」。

14.6.2 輔助類別

此節會針對 HTML 中的特定標籤進行修改，改用 Bootstrap 所提供的輔助類別來完成頁面調整與美化的製作，此區塊所使用的輔助類別與解說如下：

1. 不同區塊與元件間的距離。

2. 標題圖片與四張關卡圖片的呈現效果有置中對齊與響應式。

◇ HTML

```
(26)  <!-- 遊戲關卡 /start -->
(27)  <section class="container">
(28)      <div class="row">
(29)          <div class="mb-3">
(30)              <img src="images/MenuText.png" alt=" 遊戲關卡 "
      class="img-fluid mx-auto d-block">
(31)          </div>
(32)          <div class="col-6 col-md-3">
(33)              <img src="images/Menu1.png" alt=" 第一關 " class="img-fluid
      mx-auto d-block w-100">
(34)          </div>
(35)          <div class="col-6 col-md-3">
(36)              <img src="images/Menu2.png" alt=" 第二關 " class="img-fluid
      mx-auto d-block w-100">
(37)          </div>
(38)          <div class="col-6 col-md-3">
(39)              <img src="images/Menu3.png" alt=" 第三關 " class="img-fluid
      mx-auto d-block w-100">
(40)          </div>
(41)          <div class="col-6 col-md-3">
(42)              <img src="images/Menu4.png" alt=" 第四關 " class="img-fluid
      mx-auto d-block w-100">
(43)          </div>
(44)      </div>
(45)  </section>
(46)  <!-- 遊戲關卡 /end -->
```

◇ 解說

29：在 <div> 標籤中加入 mb-3 類別，以調整下方外距的距離。

30、33、36、39、42：在 <img> 標籤中所要加入的類別如下：

(1) img-fluid：使圖片尺寸可依據父容器的寬度自動縮放，以達到彈性圖片結果。

(2) mx-auto：使圖片進行置中對齊，置中對齊須搭配 d-block 類別才可呈現出效果。

(3) d-block：將圖片改為 block 屬性，搭配 mx-auto 類別時，才可產生水平置中的效果。

(4) w-100：因關卡圖片尺寸較小，不符合在電腦版的欄寬尺寸，故加上此類別使圖片寬度可延展到父容器寬度，但此做法會造成圖片失真（第 30 行中不加入此類別）。

14.6.3 定義 CSS 樣式

目前的顯示畫面，遊戲關卡區塊與開始遊戲圖片處於上下緊密狀態。若利用 mt 5 最大外距類別來調整間距時，該距離並不符合設計的需求，故須自行撰寫 CSS 樣式來調整，在 style.css 文件中建立 .mt-200 選擇器，屬性樣式建置重點如下：

◇ CSS

```css
.mt-200{
    margin-top: 200px; /* 上方外距 */
}
```

建置完樣式後，於 HTML 的第 27 行加入 `mt-200` 類別，加入結果如下：

◇ HTML

```
(26)  <!-- 遊戲關卡 /start -->
(27)  <section class="container mt-200">
(28)      <div class="row">
(29)          網頁內容 - 省略
(44)      </div>
(45)  </section>
(46)  <!-- 遊戲關卡 /end -->
```

 關卡說明

14.7.1 內容建置

關卡說明區塊的設計為呈現四個關卡的說明，藉此了解男主角從追求至生子的四個階段故事，此區塊的 HTML 內容建置與解說如下：

1. 四組內容的網格佈局：以 768px 尺寸作為斷點，大於 768px 時每組內容佔用 3 格欄位；小於 768px 時每組內容佔用 6 格欄位。

2. 每組內容則使用 card（卡片）元件進行建置。

◇ HTML 程式碼

```
(47)    <!-- 遊戲説明 /start -->
(48)    <section class="container">
(49)        <div class="row row-cols-2 row-cols-md-4">
(50)            <div class="col">
(51)                <div class="card">
(52)                    <img src="images/level-1.jpg" alt=" 關卡 1 場景 "
        class="card-img-top">
(53)                    <div class="card-body">
(54)                        <h4 class="card-title">
(55)                            <strong> 追求 </strong>
(56)                        </h4>
(57)                        <p class="card-text"> 幫助 Benny 度過從台中到宜蘭路上
        的各種障礙，順利感動 Yavy。</p>
(58)                    </div>
(59)                </div>
(60)            </div>
(61)            <div class="col">
(62)                <div class="card">
(63)                    <img src="images/level-2.jpg" alt=" 關卡 2 場景 "
        class="card-img-top">
(64)                    <div class="card body">
(65)                        <h4 class="card-title">
(66)                            <strong> 交往 </strong>
(67)                        </h4>
(68)                        <p class="card-text"> 身為男友的 Benny 必須吃光 Yavy
        討厭的紅蘿蔔，取得好感度。</p>
(69)                    </div>
(70)                </div>
(71)            </div>
(72)            <div class="col">
(73)                <div class="card">
(74)                    <img src="images/level-3.jpg" alt=" 關卡 3 場景 "
        class="card-img-top">
(75)                    <div class="card-body">
(76)                        <h4 class="card-title">
(77)                            <strong> 求婚 </strong>
(78)                        </h4>
(79)                        <p class="card-text"> 幫助 Benny 在腳踏車的競速中贏過
        Yavy，使求婚成功。</p>
(80)                    </div>
(81)                </div>
(82)            </div>
(83)            <div class="col">
```

```
(84)                    <div class="card">
(85)                        <img src="images/level-4.jpg" alt="關卡 4 場景 "
      class="card-img-top">
(86)                        <div class="card-body">
(87)                            <h4 class="card-title">
(88)                                <strong>生子 </strong>
(89)                            </h4>
(90)                            <p class="card-text">搖晃手機，使 Yavy 肚子越來越大以
      及順利生下小 Baby。</p>
(91)                        </div>
(92)                    </div>
(93)                </div>
(94)            </div>
(95)        </section>
(96) <!-- 遊戲說明 /end -->
```

◇ 解說

48：建立 <section> 標籤並加入 container 類別以建立固定寬度的佈局。

49：建立 <div> 標籤，所要加入的類別如下：

(1) row：建立水平群組列。

(2) row-cols-2：≥ 0px 時自動將內容分為兩組為一列，並依序往下排版。

(3) row-cols-md-4：≥768px 時自動將內容分為四組為一列，並依序往下排版。

50、61、72、83：建立 <div> 標籤並加入 col，透過該類別的樣式，使內容會根據自身的寬度與高度來決定尺寸。

51、62、73、84：建立 <div> 標籤並加入 card 類別。接續則使用卡片元件的結構與類別來進行內容建置。

52、63、74、85：建立 <img> 標籤並連結 images 資料夾的 level-1.jpg ～ level-4.jpg 圖片，以及設定 alt 屬性值為「關卡 1 場景～關卡 4 場景」，同時加入 card-img-top 類別使圖片左上與右上套用圓角屬性。

53、64、75、86：建立 <div> 標籤並加入 card-body 類別，使內容與邊緣保有一定的距離。

54、65、76、87：建立 <h4> 標籤並加入 card-title 類別，使關卡名稱文字呈現較大效果外，因為 card-title 的屬性樣式而與底下內容保有一定距離。

55、66、77、88：建立 <strong> 標籤來包覆文字，使文字呈現粗體效果。

57、68、79、90：建立 <p> 標籤並加入 `card-text` 類別來包覆說明內容，類別本身可將最後一段 <p> 標籤的下方外距屬性值歸零。因本範例只使用了一組 <p> 標籤來包覆內容，故視為最後一個。若有很多組 <p> 標籤內容時，彼此間會保有一定距離。

14.7.2　輔助類別

此節會針對 HTML 中的特定標籤進行修改，改用 Bootstrap 所提供的輔助類別來完成頁面間距調整的製作，此區塊所使用的輔助類別與解說如下：

◈ HTML

```
(47)   <!-- 遊戲說明 /start -->
(48)   <section class="container">
(49)       <div class="row row-cols-2 row-cols-md-4 mt-5 g-4">
(50)           網頁內容 - 省略
(95)   </section>
(96)   <!-- 遊戲說明 /end -->
```

◈ 解說

49：在 <div> 標籤中加入 g-4 類別，以調整底下所有內容的間隙，以及加入 mt-5 類別，以調整上方外距的距離。

14.8 排行榜

14.8.1 內容建置

排行榜區塊的設計為列出前 8 名遊戲過關者，並顯示順序、照片、姓名、日期
與時間等資訊，此區塊的 HTML 內容建置與解說如下：

1. 排行榜圖片：以 12 格欄位為主。

2. 每組過關者內容則使用 card（卡片）元件進行建置。

3. 使用 Bootstrap icon。

因 8 位過關者的內容建置方式均相同，在此筆者以建置一組為例，後續則採用
複製的方式來產生剩餘的 7 組過關者內容。

◇ HTML

```
(97)   <!-- 排行榜 /start -->
(98)   <section class="container">
(99)      <div class="row">
(100)        <div>
(101)           <img src="images/ranking.png" alt="排行榜">
(102)        </div>
(103)     </div>
(104)     <div class="row row-cols-sm-2 row-cols-md-4">
(105)        <div class="col">
(106)           <div class="card">
(107)              <img src="images/ranking-role.jpg" alt="頭像"
      class="card-img-top">
(108)              <div class="card-img-overlay">
(109)                 <i class="bi-trophy">1</i>
(110)              </div>
(111)              <div class="card-body">
(112)                 <h4 class="card-title">Jacky Lu</h4>
(113)                 <small>2018/1/1  14:09</small>
(114)              </div>
(115)           </div>
(116)        </div>
(117)     </div>
(118) </section>
(119) <!-- 排行榜 /end -->
```

◇ 解說

98：建立 <section> 標籤並加入 container 類別以建立固定寬度的佈局。

99：建立 <div> 標籤並加入 row 類別以建立水平群組列。

100：建立 <div> 標籤。

101：建立 <img> 標籤並連結 images 資料夾的 ranking.png 圖片，以及設定 alt 屬性值為「排行榜」。

104：建立 <div> 標籤，所要加入的類別如下：

(1) row：建立水平群組列。

(2) row-cols-sm-2：≥576px 時自動將內容分為兩組為一列，並依序往下排版。

(3) row-cols-md-4：≥768px 時自動將內容分為四組為一列，並依序往下排版。

105：建立 <div> 標籤並加入 col，透過該類別的樣式，使內容會根據自身的寬度與高度來決定尺寸。

106：建立 <div> 標籤並加入 card 類別。接續則使用卡片元件的相關結構與類別來進行內容建置。

107：建立 <img> 標籤並連結 images 資料夾的 ranking-role.jpg 圖片，以及設定 alt 屬性值為「頭像」，同時加入 card-img-top 類別使圖片左上與右上套用圓角屬性。

108：建立 <div> 標籤並加入 card-img-overlay 類別，該屬性可使此內容以 Card 元件為基準，進行靠上與靠左貼齊等動作。

109：加入 Bootstrap icon 的 bi-trophy（獎杯）icon，並加入編號「1」文字來表示第一位過關者。

111：建立 <div> 標籤並加入 card-body 類別，使內容可與邊緣保有一定的距離。

112：建立 <h4> 標籤並加入 card-title 類別，使姓名文字呈現較大效果。

113：建立 <small> 標籤使日期與時間的文字呈現出較小效果。當中透過 （空白符號）使日期與時間中產生兩個半行空白。

14.8.2 輔助類別

此節會針對 HTML 中的特定標籤進行修改，改用 Bootstrap 所提供的輔助類別來完成頁面調整與美化的製作，此區塊所使用的輔助類別與解說如下：

1. 不同區塊與元件間的距離。

2. 圖片的呈現效果有置中對齊與響應式。

3. 文字顏色。

◇ HTML

```
(97)  <!-- 排行榜 /start -->
(98)  <section class="container mt-5 pb-3">
(99)      <div class="row">
(100)         <div class="mb-5">
(101)             <img src="images/ranking.png" alt=" 排行榜 " class="img-
    fluid mx-auto d-block mb-3">
(102)         </div>
(103)     </div>
(104)     <div class="row row-cols-sm-2 row-cols-md-4 g-4">
(105)         <div class="col">
(106)             <div class="card">
```

```
(107)                <img src="images/ranking-role.jpg" alt=" 頭像 "
     class="card-img-top">
(108)                <div class="card-img-overlay text-warning fw-bolder
     fs-2">
(109)                    <i class="bi-trophy">1</i>
(110)                </div>
(111)                <div class="card-body">
(112)                    <h4 class="card-title">Jacky Lu</h4>
(113)                    <small class="text-muted">2018/1/1 &nb
     sp;14:09</small>
(114)                </div>
(115)            </div>
(116)        </div>
(117)    </div>
(118) </section>
(119) <!-- 排行榜 /end -->
```

◇ 解說

98：在 <section> 標籤中所要加入的類別如下：

　　(1) mt-5：調整上方外距的距離。

　　(2) pb-3：調整下方內距的距離。

100：在 <div> 標籤中加入 mb-5 類別，以調整下方外距的距離。

101：在 <img> 標籤中所要加入的類別如下：

　　(1) img-fluid：使圖片尺寸可依據父容器的寬度自動縮放，以達到彈
　　　　性圖片結果。

　　(2) mx-auto：使圖片進行置中對齊。

　　(3) d-block：將圖片改為 block 屬性。

　　(4) mb-3：調整下方外距的距離。

104：在 <div> 標籤中加入 g-4 類別，以調整底下所有內容的空隙。

108：在 <div> 標籤中所要加入的類別如下：

　　(1) text-warning：使文字顏色改為黃色。

　　(2) fw-bolder：使文字改為粗體。

　　(3) fs-2：調整文字大小。

113：在 <small> 標籤中加入 `text-muted` 類別，使文字顏色改為淺灰色。

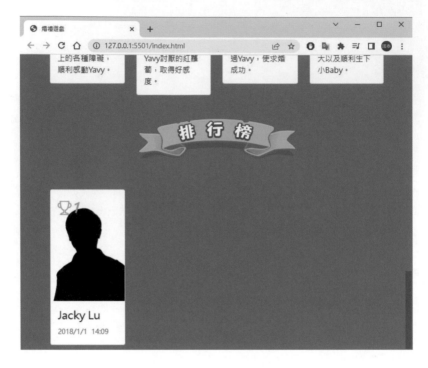

14.8.3 複製排行榜內容

第一組過關者內容已建置完畢，此時複製第 105 行～第 116 行的 HTML 內容，並於第 116 行之後貼上 7 次，修改每組的過關順序編號，以完成 8 名選過關者的內容建置。

14.9 活動辦法

14.9.1 內容建置

活動辦法區塊的設計為活動辦法的說明，此區塊的 HTML 內容建置與解說如下：

1. 活動辦法內容：以 12 格欄位為主。

2. 使用 Bootstrap icon。

3. 建置數字項目符號。

◇ HTML

```
(204) <!-- 活動辦法 /start -->
(205) <section>
(206)     <div class="container">
(207)         <div class="row">
(208)             <div>
(209)                 <h2>
(210)                     <i class="bi-star-fill"><strong>活動詳情</strong></i>
(211)                 </h2>
(212)                 <h4>活動日期：即日起至 2018/1/1</h4>
(213)                 <h2>
(214)                     <i class="bi-star-fill"><strong>遊戲說明</strong></i>
(215)                 </h2>
(216)                 <p>各位親朋好友們，婚禮倒數不到一個月了，放鬆一下來玩個遊戲吧。這款遊戲包含 Benny 追求 Yavy 的四個過程，每個關卡遊戲都不一樣，希望大家一起幫 Benny 破關。破關後記得點擊畫面中的分享按鈕，「前 10 名」的人就可以在婚禮當天獲得神秘小禮物唷！
(217)                 </p>
(218)                 <h2>
(219)                     <i class="bi-star-fill"><strong>注意事項</strong></i>
(220)                 </h2>
(221)                 <ul>
(222)                     <li>截止日期為 2017/24:00</li>
(223)                     <li>遊戲以過關日期時間做為判斷，最終抓取最先的前 10 名</li>
```

```
(224)                    <li> 系統會自動抓取每位玩家最早的一次成績，避免占用名次
     </li>
(225)                    <li> 如參賽之玩家，以惡意電腦程式及其他明顯違反活動公平性
     之方式 ( 如創立假帳號 )，意圖占用名次，皆為違反規定之行為。經檢舉後確認屬實，遊戲管
     理者可將該玩家名次予以刪除。</li>
(226)                  </ul>
(227)              </div>
(228)          </div>
(229)      </div>
(230) </section>
(231) <!-- 活動辦法 /end -->
```

◇ 解說

205：建立 <section> 標籤。

206：建立 <div> 標籤並加入 container 類別以建立固定寬度的佈局。

207：建立 <div> 標籤並加入 row 類別以建立水平群組列。

208：建立 <div> 標籤。

209、213、218：建立 <h2> 標籤，使標題文字呈現較大效果。

210、214、219：使用 Bootstrap icon 的 bi-star-fill（星星）icon。

210、214、219：建立 <strong> 標籤，使標題文字呈現粗體效果。

212：建立 <h4> 標籤，使活動日期文字呈現較大效果。

216：建立 <p> 標籤，內容為遊戲說明內文。

221：建立 <ul> 標籤，建置數字項目符號。

222 ～ 225：建立 <li> 標籤來呈現每條事項內容。

14.9.2 輔助類別

此節會針對 HTML 中的特定標籤進行修改,改用 Bootstrap 所提供的輔助類別來完成頁面調整與美化的製作,此區塊所使用的輔助類別與解說如下:

1. 不同區塊與元件間的距離。

2. 背景顏色。

3. 文字顏色。

◇ HTML

```
(204) <!-- 活動辦法 /start -->
(205) <section class="bg-dark mt-5">
(206)     <div class="container">
(207)         <div class="row">
(208)             <div class="pt-5 pb-5 text-white">
(209)                 <h2>
(210)                     <i class="bi-star-fill"><strong>活動詳情
    </strong></i>
(211)                 </h2>
```

```
(212)                    <h4 class="text-warning">活動日期：即日起至 2018/1/1
      </h4>
(213)                    <h2 class="mt-5">
(214)                        <i class="bi-star-fill"><strong>遊戲説明
      </strong></i>
(215)                    </h2>
(216)                    <p>各位親朋好友們，婚禮倒數不到一個月了，放鬆一下來玩個遊戲吧。
      這款遊戲包含 Benny 追求 Yavy 的四個過程，每個關卡遊戲都不一樣，希望大家一起幫
      Benny 破關。破關後記得點擊畫面中的分享按鈕，「前 10 名」的人就可以在婚禮當天獲得神
      秘小禮物唷！
(217)                    </p>
(218)                    <h2 class="mt-5">
(219)                        <i class="bi-star-fill"><strong>注意事項 </strong>
      </i>
(220)                    </h2>
(221)                    網頁內容 - 省略
(227)                </div>
(228)            </div>
(229)        </div>
(230) </section>
(231) <!-- 活動辦法 /end -->
```

◇ 解說

205：在 <section> 標籤中所要加入的類別如下：

    (1) bg-dark：使區塊的背景顏色改為深灰色。

    (2) mt-5：調整上方外距的距離。

208：在 <div> 標籤中所要加入的類別如下：

    (1) pt-5：調整上方內距的距離。

    (2) pb-5：調整下方內距的距離。

    (3) text-white：使底下的文字顏色均改為白色。

212：在 <h4> 標籤中加入 text-warning 類別，使文字顏色改為黃色。

213、218：在 <div> 標籤中加入 mt-5 類別，以調整文字上方外距的距離。

14.9.3　定義 CSS 樣式

依據設計稿的結果，在 style.css 文件中建立 ul.game-rule 選擇器，並撰寫相關樣式來調整 HTML 內容，屬性樣式建置重點如下：

1. 項目符號改為數字形態。

補充說明

選擇器命名的用意為，只有在 <ul> 標籤中加入 game-rule 類別時才會套用樣式，在其他標籤中套用此類別時均不產生作用。

◇ CSS

```
ul.game-rule{
    list-style: decimal; /* 項目符號改為數字形態 */
    padding-left: 1.6rem; /* 左邊內距 */
}
```

建置完樣式後，於 HTML 的第 221 行加入 game-rule 類別，加入結果如下：

◇ HTML 程式碼

```
(204)  <!-- 活動辦法 /start -->
(205)  <section class="bg-dark mt-5">
(206)                   網頁內容 - 省略
(221)               <ul class="game-rule">
(222)                   網頁內容 - 省略
(230)  </section>
(231)  <!-- 活動辦法 /end -->
```

14.10 頁腳

14.10.1 內容建置

根據設計稿，頁腳區塊的背景顏色為黑色，且無論在任何載具中，copyright 的版權宣告文字均為置中對齊。由於內容呈現較為簡易，在此僅利用 div 進行佈局即可滿足需求，故不採用 Bootstrap 的網格系統進行佈局。若加入網格來佈局其結果依然不會改變，反而會使 HTML 結構變的複雜。此區塊的 HTML 內容建置與解說如下：

◈ HTML

```
(232) <!-- 頁腳 /start -->
(233) <footer>
(234)     <p>@ 123LearnGo</p>
(235) </footer>
(236) <!-- 頁腳 /end -->
```

◈ 解說

233：建立 <footer> 標籤。

234：建立 <p> 標籤與輸入版權文字。

14.10.2 輔助類別

此節會針對 HTML 中的特定標籤進行修改，改用 Bootstrap 所提供的輔助類別來完成頁面調整與美化的製作，此區塊所使用的輔助類別與解說如下：

1. 文字顏色。

2. 文字置中。

3. 將 <p> 標籤自身下方外距的屬性值歸零。

```
(232) <!-- 頁腳 /start -->
(233) <footer>
(234)     <p class="text-white text-center mb-0">@ 123LearnGo</p>
(235) </footer>
(236) <!-- 頁腳 /end -->
```

◇ 解說

234：在 <p> 標籤中所要加入的類別如下：

(1) text-white：將文字顏色改為白色。

(2) text-center：文字改為置中對齊。

(3) mb-0：將 <p> 標籤的自身下方外距屬性值歸零。

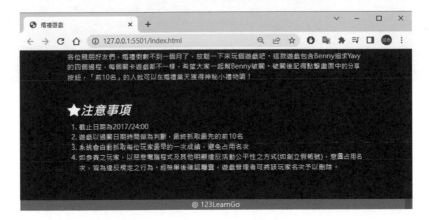

14.10.3 定義 CSS 樣式

依據設計稿的結果，在 style.css 文件中以 footer 標籤作為選擇器，並撰寫相關樣式來調整 HTML 內容，屬性樣式建置重點如下：

1. 頁腳區塊的高度。

2. 背景顏色。

◇ CSS 樣式

```
footer{
    height: 40px; /* 高度 */
    line-height: 40px; /* 行高 */
    background-color: #000; /* 背景顏色 */
}
```

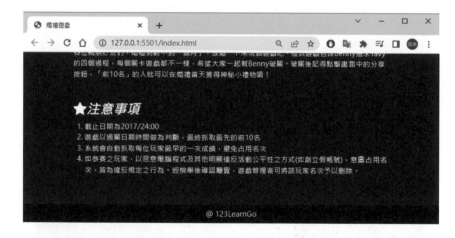

CHAPTER

15

企業型購物網站
—首頁

15.1 實作概述

近年來電子商務已成為銳不可擋的趨勢，且在科技的迅速發展下，目前網路上已有很多新興平台可協助賣家輕鬆建置出專屬的購物網站，並具有會員註冊與管理、商品上/下架、線上刷卡、銷售報表、電子報與優惠卷等功能，不過需每年（半月）付給平台一定的費用。

由於這類型平台不斷的冒出，加上建置購物網站的門檻不再像以前那麼困難，使得以往在大型電子商務網站（如 pchome、yahoo 或 ebay 等）的賣家紛紛自行建構專屬的購物網站。

從第 15 章開始，範例會以「岡南塑膠發泡有限公司」為例，建置出完整的企業型購物網站。

需要建置的頁面如下：

1. 企業：首頁、關於岡南、人力資源、連絡我們。

2. 購物：登入與註冊、商品商城、商品介紹、購物車、結帳。

◈ 學習重點

➤ 網格佈局。

➤ CSS：Typography（文字排版）、Utilities（輔助類別）。。

➤ 元件：NavBar（導覽列）、Card（卡片）、Button（按鈕）、Form（表單）。

➤ 互動：Carousel（輪播）。

➤ 其他：Google Map 地圖、Google 中文字型。

◈ 練習與成果檔案

➤ HTML 練習檔案：company website / Practice / index.html

➤ CSS 練習檔案：company website / Practice / css / style.css

➤ 成果檔案：company website / Final / index.html

➤ 教學影片：video/ch15.mp4

15.2 載入檔案

在 <head> ～ </head> 標籤中定義相關屬性內容與載入相關文件，說明如下：

◈ HTML

```
(01)   <!DOCTYPE html>
(02)   <html lang="en">
(03)   <head>
(04)       <meta charset="UTF-8">
(05)       <meta name="viewport" content="width=device-width, initial-
       scale=1.0">
(06)       <meta http-equiv="X-UA-Compatible" content="ie=edge">
(07)       <title>岡南塑膠發泡有限公司 </title>
(08)       <link rel="shortcut icon" type="image/png" href="./images/logo.
       png" />
(09)       <!-- CSS 文件載入 -->
(10)       <link rel="stylesheet" href="css/bootstrap.css">
(11)       <link rel="stylesheet" href="https://cdn.jsdelivr.net/npm/
       bootstrap-icons@1.8.1/font/bootstrap-icons.css">
```

```
(12)        <link rel="stylesheet" href="css/style.css">
(13)        <!-- js 文件載入 -->
(14)        <script src="js/bootstrap.bundle.min.js"></script>
(15)   </head>
(16)   <body>
(17)        網頁內容
(18)   </body>
(19)   </html>
```

◇ 解說

05：設定網頁在載具上的縮放基準。

07：將網頁標題改為「岡南塑膠發泡有限公司」。

10：載入 Bootstrap 的 CSS 樣式文件。

11：載入 Bootstrap 所提供的圖示 CDN 文件。

12：載入自己所撰寫的 CSS 樣式文件。

14：載入 Bootstrap 的 js 文件。

15.3 定義共用樣式

在網頁開始建置之前，須先評估網頁設計稿中有哪些內容是屬於共同結果，或是 Bootstrap 無法達成的。針對這些共同結果來制訂樣式（可以是清除預設樣式或制訂新樣式），此做法的好處是除了可省去撰寫相同的樣式外，程式碼也更為簡潔、容易維護。依據設計稿，定義共用樣式的重點如下：

1. 載入 Google 的思源黑體（Noto Sans TC）中文字型。

2. 網頁中文字的字型與初始顏色。

3. 制訂 <a> 標籤的基礎樣式，取消連結的底線、取消藍色外框與定義初始顏色，以及滑入時的顏色。

4. <h2> 標籤與 title-color 類別的初始顏色。

◈ CSS

```css
@import url(https://fonts.googleapis.com/earlyaccess/notosanstc.css);
/* 載入 Google 字型 */
html{
    margin: 0; /* 外距值歸零 */
    padding: 0; /* 內距值歸零 */
}
body{
    font-family: 'Noto Sans TC', sans-serif; /* 字型 */
    color: #2b2b2b; /* 顏色 */
}
a, a:active, a:hover, a:link, a:visited {
    text-decoration: none; /* 取消連結底線 */
    outline: none; /* 取消按下時的藍色外框 */
    color: #2b2b2b; /* 顏色 */
}
a:hover{
    color: #999; /* 顏色 */
}
h2, .title-color{
    color: #0099d1; /* 顏色 */
}
```

15.4 選單

15.4.1 內容建置

選單區塊的設計為列出 Logo 圖片與選單，此區塊的 HTML 內容建置與解說如下：

1. 使用 NavBar（導覽列）元件進行建置。

2. 選單分為「企業」與「購物車」兩類。

◈ HTML

```html
(17)  <!-- header/start -->
(18)  <header class="container">
(19)      <nav class="navbar navbar-expand-lg navbar-light">
(20)          <a class="navbar-brand" href="index.html">
```

```
(21)                    <img src="./images/logo.png" alt="logo">
(22)            </a>
(23)            <button class="navbar-toggler" type="button" data-bs-
        toggle="collapse" data-bs-target="#navbarNav" aria-
        controls="navbarNav" aria-expanded="false" aria-label="Toggle
        navigation">
(24)                <span class="navbar-toggler-icon"></span>
(25)            </button>
(26)            <div class="collapse navbar-collapse" id="navbarNav">
(27)                <ul class="navbar-nav">
(28)                    <li class="nav-item">
(29)                        <a class="nav-link active" href="index.html">
        首頁 </a>
(30)                    </li>
(31)                    <li class="nav-item">
(32)                        <a class="nav-link" href="about.html">關於岡南
        </a>
(33)                    </li>
(34)                    <li class="nav-item">
(35)                        <a class="nav-link" href="shop.html">產品商城
        </a>
(36)                    </li>
(37)                    <li class="nav-item">
(38)                        <a class="nav-link" href="job.html">人力資源 </a>
(39)                    </li>
(40)                    <li class="nav-item">
(41)                        <a class="nav-link" href="contact.html">連絡我們
        </a>
(42)                    </li>
(43)                </ul>
(44)                <ul>
(45)                    <li><a href="login.html">登入 </a></li>
(46)                    <li><a href="cart.html">購物車 </a></li>
(47)                    <li><a href="checkout.html">結帳 </a></li>
(48)                </ul>
(49)            </div>
(50)        </nav>
(51)    </header>
(52) <!-- header/end -->
```

◇ 解說

18：建立 <header> 標籤並加入 container 類別以建立固定寬度的佈局。

19：建立 <nav> 標籤，所要加入的類別如下：

(1) `navbar`：定義導覽列的基礎樣式。

(2) `navbar-expand-lg`：導覽列的摺疊斷點為 992px。

(3) `navbar-light`：定義手機板選單的樣式。

20：建立 \<a\> 標籤，所要加入的屬性與類別如下：

(1) `href`：連結 index.html 檔案。

(2) `navbar-brand`：以文字或圖片作為 LOGO 時的基本樣式。

21：建立 \<img\> 標籤並連結 images 資料夾的 logo.png 圖片，以及設定 alt 屬性值為「logo」。

23：建立 \<button\> 標籤，所要加入的屬性與類別如下：

(1) `navbar-toggler`：當尺寸小於 992px 時，導覽列會切換為漢堡樣式，藉此控制導覽列的展開與閉合。

(2) `type="button"`：指定類型為 button。

(3) `data-bs-toggle="collapse"`：此屬性是宣告要使用 collapse 效果。

(4) `data-bs-target="#navbarNav"`：此屬性為觸發器，指定展開選單的 id 名稱。

(5) `aria-controls="navbarNav"`：定義內容無法藉由 HTML 結構決定的關聯關係。

(6) `aria-expanded="false"`：用來表示目前狀態，true 表示展開、false 表示閉合。

(7) `aria-label="Toggle navigation"`：使螢幕閱讀器可讀出該內容為 Toggle navigation。

24：建立 \<span\> 標籤並加入 `navbar-toggler-icon` 類別，以呈現漢堡選單的三條水平線、寬度與高度等樣式。

26：建立 \<div\> 標籤，所要加入的屬性與類別如下：

(1) `collapse`：隱藏選單。

(2) `navbar-collapse`：定義子選單的軸線與佔用份數，以及位於容器的中心位置。

(3) `id="navbarNav"`：與第 23 行的觸發器屬性值相同。

27：建立 <ul> 標籤並加入 navbar-nav 類別，定義選單為無符號樣式、外距與內距等屬性。

28、31、34、37、40：建立 <li> 標籤，並加入 nav-item 類別。此類別本身不具任何樣式，是為了讓開發者知道此為選單。

29、32、35、38、41：建立 <a> 標籤，並加入 nav-link 類別來調整內距，使每個 <li> 標籤呈現出一定得高度，同時建立連結文字與連結檔案。

29：在 <a> 標籤中加入 active 類別表示當前頁面。

44：建立 <ul> 標籤。

45～47：建立 <li> 與 <a> 標籤，並於 <a> 標籤中的 href 屬性建立各自連結檔案名稱。

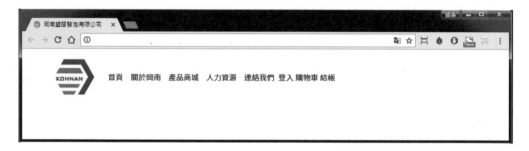

15.4.2 輔助類別

此節會針對 HTML 中的特定標籤進行修改，改用 Bootstrap 所提供的輔助類別來完成頁面調整與美化的製作，此區塊所使用的輔助類別與解說如下：

1. 選單的背景與文字顏色。

2. 購物車選單需靠右對齊以及調整按鈕樣式。

◇ HTML

```
(17)    <!-- header/start -->
(18)    <header class="container">
(19)        <nav class="navbar navbar-expand-lg navbar-light bg-white">
(20)            <a class="navbar-brand" href="index.html">
(21)                    網頁內容
(44)                <ul class="list-unstyled list-inline ms-auto mt-2 mt-
        lg-0 mb-lg-0">
```

```
(45)                    <li class="list-inline-item"><a href="login.html">
      登入 </a></li>
(46)                    <li class="list-inline-item"><a href="cart.html">
      購物車 </a></li>
(47)                    <li class="list-inline-item"><a href="checkout.
      html">結帳 </a></li>
(48)                </ul>
(49)            </div>
(50)        </nav>
(51) </header>
(52) <!-- header/end -->
```

◇ 解說

19：在 <nav> 標籤中所要加入 bg-white 類別，使背景顏色改為白色。

44：在 <ul> 標籤中所要加入的類別如下：

　(1) list-unstyled：清除項目符號的樣式。

　(2) list-inline：使排版方式改為並排。

　(3) ms-auto：將選單靠右對齊。

　(4) mt-2：調整向上外距的距離。

　(5) mt-lg-0：當載具寬度大於 992px 時，將向上外距的距離歸零。

　(6) mb-lg-0：當載具寬度大於 992px 時，將向下外距的距離歸零。

45、46、47：在 <li> 標籤中加入 list-inline-item 類別，使按鈕可水平排版。

15.4.3 定義 CSS 樣式

目前網頁呈現的結果，當網頁小於 768px 時，logo 尺寸會因過大使得 header 高度過高，故須撰寫 CSS 樣式進行調整。另針對登入、購物車與結帳此選單部分，則自訂 CSS 樣式來調整一般與滑入時的樣式，使與一般選單呈現出差異。

在 style.css 中利用 @media 並以 768px 作為斷點來調整 <img> 標籤的圖片尺寸，以及建立 .shop-menu 選擇器並針對後代 <a> 標籤進行不同狀態的樣式設定，屬性樣式建置如下：

◇ CSS

```
@media screen and (max-width: 768px){
    .navbar-brand img{
        width: 60px; /* 寬度 */
    }
}
.shop-menu a {
    padding: 8px 16px; /* 上下內距值為 8px，左右內距值為 16px */
    color: #0099d1 !important; /* 顏色 */
    border: 1px solid #0099d1; /* 邊框樣式 */
    border-radius: 10px; /* 邊框圓角 */
}

.shop-menu a:hover, .shop-menu .active a {
    color: #fff !important; /* 顏色 */
    background: #0099d1; /* 背景顏色 */
}
```

建置完樣式後，於 HTML 的第 44 行加入 shop-menu 類別。

```
(44)  <ul class="list-unstyled list-inline ms-auto mt-2 mt-lg-0 mb-lg-0
      shop-menu">
(45)      <li class="list-inline-item"><a href="login.html"> 登入 </a></li>
(46)      <li class="list-inline-item"><a href="cart.html"> 購物車 </a></li>
(47)      <li class="list-inline-item"><a href="checkout.html"> 結帳 </a>
      </li>
(48)  </ul>
```

 **廣告輪播**

15.5.1 內容建置

廣告輪播區塊的設計會利用 Carousel（輪播）元件，使 Banner 區塊具有仿如
幻燈片的輪播效果，佈局與內容建置重點如下：

1. 使用 Carousel（輪播）元件進行建置。

2. 每則輪播圖片需具有文字說明。

◇ HTML

```
(53)  <!-- 廣告 /start -->
(54)  <section class="banners">
(55)      <div id="carouselBanner" class="carousel slide" data-bs-
      ride="carousel">
(56)          <ol class="carousel-indicators">
(57)              <li data-bs-target="#carouselBanner" data-bs-slide-
      to="0" class="active"></li>
(58)              <li data-bs-target="#carouselBanner" data-bs-slide-
      to="1"></li>
(59)          </ol>
(60)          <div class="carousel-inner">
(61)              <div class="carousel-item active">
(62)                  <img class="d-block w-100" src="./images/slider_1.
      jpg" alt="First slide">
(63)                  <div class="carousel-caption d-none d-md-block">
(64)                      <h3>EVA 發泡板 </h3>
(65)                      <p> 依國際標準 Pantone 標準色卡之色號來製作 </p>
(66)                  </div>
```

```
(67)                    </div>
(68)                    <div class="carousel-item">
(69)                        <img class="d-block w-100" src="./images/slider_2.
      jpg" alt="Second slide">
(70)                        <div class="carousel-caption d-none d-md-block">
(71)                            <h3> 廠房設備 </h3>
(72)                            <p> 高專業的製造能力 </p>
(73)                        </div>
(74)                    </div>
(75)                </div>
(76)                <a class="carousel-control-prev" href="#carouselBanner"
      role="button" data-bs-slide="prev">
(77)                    <span class="carousel-control-prev-icon" aria-
      hidden="true"></span>
(78)                    <span class="visually-hidden">Previous</span>
(79)                </a>
(80)                <a class="carousel-control-next" href="#carouselBanner"
      role="button" data-bs-slide="next">
(81)                    <span class="carousel-control-next-icon" aria-
      hidden="true"></span>
(82)                    <span class="visually-hidden">Next</span>
(83)                </a>
(84)            </div>
(85)        </section>
(86)    <!-- 廣告 /end -->
```

◇ 解說

54：建立 <section> 標籤並加入 banners 類別。

55：建立 <div> 標籤，所要加入的屬性與類別如下：

(1) id="carouselBanner"：該屬性在指標與左右切換中均會使用到，故名稱需相同。

(2) carousel：定義此區塊的位置屬性為 relative。

(3) slide：為 Animation 動畫的過渡（滑動）效果，藉此使兩張圖片在切換時呈現滑入與滑出的效果，若不加入此類別則兩張圖片會以很生硬的方式直接切換。

(4) data-bs-ride="carousel"：該屬性作用為廣告輪播組件會在頁面載入之後自動開始播放。若移除時，那麼只有點擊左右箭頭或指標後才會開始播放。

56：建立 <ol> 標籤並加入 `carousel-indicators` 類別，使指標的圖示可呈現在中間靠下的位置。

57、58：建立 <li> 標籤，所要加入的屬性如下：

    (1) `data-bs-target="#carouselBanner"`：此屬性為觸發器。

    (2) `data-slide-to`：輪播傳遞的索引值，索引值從 0 開始計算。

57：在 <li> 標籤中加入 `active` 類別，表示輪播的起始點。

60：建立 <div> 標籤並加入 `carousel-inner` 類別，除將寬度改為 100%外，透過「後代選擇器」關係使底下的圖片具有響應式的效果。

61、68：建立 <div> 標籤並加入 `carousel-item` 類別，使該區塊具有 0.6秒的過渡動畫以及相關對齊的屬性，需注意的是此類別底下的內容預設為隱藏狀態。

61：在 <div> 標籤中加入 `active` 類別，使區塊內容改為顯示。

62、69：建立 <img> 標籤並連結 images 資料夾的 slider_1.jpg 與 slider_2.jpg 兩張圖片，以及設定 alt 屬性值為「First slide」與「Second slide」，同時需加入的類別如下：

    (1) `d-block`：將圖片改為 block 屬性。

    (2) `w-100`：將圖片寬度調整為 100%。

63、70：建立 <div> 標籤，所要加入的類別如下：

    (1) `carousel-caption`：定義圖片說明文的位置、上下內距、文字顏色與文字對齊方向等樣式。

    (2) `d-none`：隱藏內容。

    (3) `d-md-block`：大於 768px 時區塊為 block 屬性並顯示；小於768px 時該區塊的說明文字會呈現隱藏狀態。

64、71：建立 <h3> 標籤，使標題文字呈現較大效果。

65、72：建立 <p> 標籤，用於圖片說明文內容。

76、80：建立 <a> 標籤，所要加入的屬性與類別如下：

    (1) `href="#carouselBanner"`：將連結位置設為觸發器的名稱。

    (2) `data-bs-slide`：為 Carousel 的控制屬性，僅能接受「prev」與「next」兩屬性值，才能透過 js 進行左右切換的控制。

76：在 <a> 標籤中加入 `carousel-control-prev` 類別，以定義 prev（左方）按鈕的範圍與滑入時樣式。

77：建立 <span> 標籤並加入 `carousel-control-prev-icon` 類別，以呈現左方的箭頭符號。

80：在 <a> 標籤中加入 `carousel-control-next` 類別，以定義 next（右方）按鈕的範圍與滑入時樣式。

81：建立 <span> 標籤並加入 `carousel-control-next-icon` 類別，以呈現右方的箭頭符號。

78、82：建立 <span> 標籤並加入 `visually-hidden` 類別，以隱藏該段文字內容。

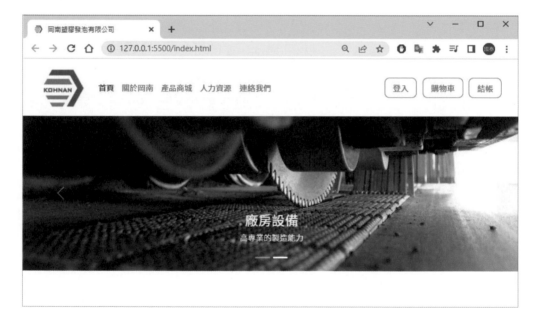

15.5.2 輔助類別

此節會針對 HTML 中的特定標籤進行修改，改用 Bootstrap 所提供的輔助類別來完成頁面調整與美化的製作，調整重點如下：

1. EVA 發泡板圖片中說明文字的顏色。

◇ HTML

```
(60)    <div class="carousel-inner">
(61)        <div class="carousel-item active" >
(62)            <img class="d-block w-100" src="./images/slider_1.jpg"
        alt="First slide">
(63)            <div class="carousel-caption d-none d-md-block text-dark">
(64)                <h3>EVA 發泡板 </h3>
(65)                <p> 依國際標準 Pantone 標準色卡之色號來製作 </p>
(66)            </div>
(67)        </div>
(68)        網頁內容－省略
(84)    </div>
```

◇ 解說

63：在 <div> 標籤中加入 text-dark 類別，使底下的文字顏色改為深
灰色。

15.6 商品類別

15.6.1 內容建置

商品類別的設計為列出企業商品中的其中四種類別，藉由分類的方式除了可讓
買家鎖定自己所需要的商品外，也可換成最熱門或要推廣的商品以助於行銷，
此區塊的 HTML 內容建置與解說如下：

1. 使用 Card（卡片）元件進行建置。

◇ HTML 程式碼

```
(87)    <!-- 產品分類 /start -->
(88)    <section class="container">
(89)        <h2> 產品分類 </h2>
(90)        <p> 登山拐杖握把與人體工學專用握把，也生產 EVA 發泡握把 / 軟木握把、尼龍帶及相
        關配件，特殊設計及客製尺寸歡迎來信來電詢問。</p>
(91)        <div class="row">
(92)            <div class="col">
(93)                <a href="shop.html" class="card">
(94)                    <img class="card-img-top" src="./images/services_1.
        jpg" alt=" 登山拐杖握把 ">
(95)                    <div class="card-body">
(96)                        <h4> 登山拐杖握把 </h4>
(97)                    </div>
(98)                </a>
(99)            </div>
(100)           <div class="col">
(101)               <a href="shop.html" class="card">
(102)                   <img class="card-img-top" src="./images/services_2.
        jpg" alt=" 登山拐杖組合樣式 ">
(103)                   <div class="card-body">
(104)                       <h4> 登山拐杖組合樣式 </h4>
(105)                   </div>
(106)               </a>
(107)           </div>
(108)           <div class="col">
(109)               <a href="shop.html" class="card">
(110)                   <img class="card-img-top" src="./images/services_3.
        jpg" alt=" 發泡套管 ">
(111)                   <div class="card-body">
(112)                       <h4> 發泡套管 </h4>
(113)                   </div>
(114)               </a>
(115)           </div>
(116)           <div class="col">
(117)               <a href="shop.html" class="card">
(118)                   <img class="card-img-top" src="./images/services_4.
        jpg" alt=" 發泡板 ">
(119)                   <div class="card-body">
(120)                       <h4> 發泡板 </h4>
(121)                   </div>
```

```
(122)                    </a>
(123)              </div>
(124)        </div>
(125) </section>
(126) <!-- 產品分類 /end -->
```

◇ 解說

88：建立 <section> 標籤並加入 container 類別以建立固定寬度的佈局。

89：建立 <h2> 標籤並輸入「產品分類」標題文字，且使文字呈現較大效果。

90：建立 <p> 標籤並輸入說明文字。

91：建立 <div> 標籤並加入 row 類別以建立水平群組列。

92、100、108、116：建立 <div> 標籤並加入 col 類別，藉此使內容寬度具有彈性效果。

93、101、109、117：建立 <a> 標籤並在 href 屬性中建立連結網址，以及加入 card 類別。接續則使用卡片元件的結構與類別來進行內容建置。

94、102、110、118：建立 <img> 標籤並連結 images 資料夾的 services_1.jpg ～ services_4.jpg 圖片，與設定各自的 alt 屬性值，並加入 card-img-top 類別來將圖片置於卡片的頂部，以調整圖片左上與右上的圓角屬性。

95、103、111、119：建立 <div> 標籤並加入 card-body 類別，使內容與邊緣保有一定的距離。

96、104、112、120：建立 <h4> 標籤。

15.6.2 輔助類別

此節會針對 HTML 中的特定標籤進行修改，改用 Bootstrap 所提供的輔助類別來完成頁面調整與美化的製作，此區塊所使用的輔助類別與解說如下：

1. 不同區塊間的距離。

2. card-body 的背景顏色、文字顏色與對齊位置。

◇ HTML 程式碼

```
(87)  <!-- 產品分類 /start -->
(88)  <section class="container mt-5">
(89)      <h2>產品分類</h2>
(90)      <p>登山拐杖握把與人體工學專用握把，也生產 EVA 發泡握把 / 軟木握把、尼龍帶及相
          關配件，特殊設計及客製尺寸歡迎來信來電詢問。</p>
(91)      <div class="row row-cols-1 row-cols-md-2 row-cols-lg-4 g-4">
(92)          <div class="col">
```

```
(93)                    <a href="shop.html" class="card">
(94)                        <img class="card-img-top" src="./images/services_1.
    jpg" alt=" 登山拐杖握把 ">
(95)                        <div class="card-body bg-dark">
(96)                            <h4 class="mb-0 text-white text-center"> 登山拐杖
    握把 </h4>
(97)                        </div>
(98)                    </a>
(99)                </div>
(100)              <div class="col">
(101)                  <a href="shop.html" class="card">
(102)                      <img class="card-img-top" src="./images/services_2.
    jpg" alt=" 登山拐杖組合樣式 ">
(103)                      <div class="card-body bg-dark">
(104)                          <h4 class="mb-0 text-white text-center"> 登山拐
    杖組合樣式 </h4>
(105)                      </div>
(106)                  </a>
(107)              </div>
(108)              <div class="col">
(109)                  <a href="shop.html" class="card">
(110)                      <img class="card-img-top" src="./images/services_3.
    jpg" alt=" 發泡套管 ">
(111)                      <div class="card-body bg-dark">
(112)                          <h4 class="mb-0 text-white text-center"> 發泡套管
    </h4>
(113)                      </div>
(114)                  </a>
(115)              </div>
(116)              <div class="col">
(117)                  <a href="shop.html" class="card">
(118)                      <img class="card-img-top" src="./images/services_4.
    jpg" alt=" 發泡板 ">
(119)                      <div class="card-body bg-dark">
(120)                          <h4 class="mb-0 text-white text-center"> 發泡板
    </h4>
(121)                      </div>
(122)                  </a>
(123)              </div>
(124)          </div>
(125) </section>
(126) <!-- 產品分類 /end -->
```

◇ 解說

88：在 \<section> 標籤中加入 `mt-5` 類別，以調整上方外距的距離。

91：在 \<div> 標籤中所要加入的類別如下：

(1) `row-cols-1`：調整內容呈現數量，每行僅顯示一個。

(2) `row-cols-md-2`：調整內容呈現數量，當大於 768px 時每行顯示兩個。

(3) `row-cols-lg-4`：調整內容呈現數量，當大於 992px 時每行顯示四個。

(4) `g-4`：調整四個方向的間隙。

95、103、111、119：在 \<div> 標籤中加入 `bg-dark` 類別，使背景顏色改為深灰色。

96、104、112、120：在 \<div> 標籤中所要加入的類別如下：

(1) `text-white`：將文字顏色改為白色。

(2) `text-center`：將文字改為置中對齊。

(3) `mb-0`：將文字預設的向下外距值歸零。

15.6.3 定義 CSS 樣式

依據設計結果，當滑鼠滑入卡片時，整體會稍微放大與出現陰影兩種效果，藉此作為聚焦。

在 style.css 文件中建立 .product-categories 選擇器並針對後代 <a> 標籤進行不同狀態的樣式設定，屬性樣式建置重點如下：

1. 卡片在一般與滑入兩狀態時的尺寸。

2. CSS 動畫。

3. 陰影。

◇ CSS

```
.product-categories a{
    transform: scale(1); /* 變形 - 縮放 - 維持目前尺寸 */
    transition: transform .4s ease-out; /* 動畫過渡時間 */
}
.product-categories a:hover{
    transform: scale(1.02); /* 變形 - 縮放 - 放大 1.02 倍 */
    box-shadow: 4px 4px 10px #999; /* 陰影 */
}
```

建置完樣式後，於 HTML 的第 91 行加入 product-categories 類別，加入結果如下：

◇ HTML

```
(87)  <!-- 產品分類 /start -->
(88)  <section class="container mt-5">
(89)      <h2> 產品分類 </h2>
(90)      <p> 登山拐杖握把與人體工學專用握把，也生產 EVA 發泡握把 / 軟木握把、尼龍帶及相
      關配件，特殊設計及客製尺寸歡迎來信來電詢問。</p>
(91)      <div class="row row-cols-1 row-cols-md-2 row-cols-lg-4 g-4
      product-categories">
(92)  .         網頁內容－省略
(125) </section>
(126) <!-- 產品分類 /end -->
```

 熱門商品

15.7.1 內容建置

熱門商品的設計為列出八件目前銷售最佳的商品，讓消費者在首頁中就可直接關注，此區塊也可用於陳列促銷商品等，有助於商品的推廣與銷售。此區塊的 HTML 內容建置與解說如下：

1. 網格佈局，在八組卡片元件的佈局上，以 576px 與 768px 兩尺寸作為斷點，大於 768px 時每組內容佔用 3 格欄位；介於 576px ～ 768px 於時每組內容佔用 6 格欄位，小於 576px 時每組內容佔用 12 格欄位。

2. 使用 Card（卡片）元件進行建置。

◇ HTML

```
(127) <!-- 熱門產品 /start -->
(128) <section class="container">
(129)     <div class="row">
(130)         <div>
(131)             <h2>熱門產品 </h2>
(132)         </div>
(133)         <div class="col-sm-6 col-md-3">
```

```
(134)            <div class="card">
(135)                <img class="card-img-top" src="./images/product/
      eva_1.jpg" alt="LTG-BY-0001">
(136)                <div class="card-body">
(137)                    <h4 class="card-title">LTG-BY-0001</h4>
(138)                    <p class="card-text"> 專利樣式雙色登山拐杖握把，EVA 發
      泡材質 </p>
(139)                    <h5 class="card-text">
(140)                        <small>
(141)                            <del>NT$ 600</del>
(142)                        </small>
(143)                        NT$ 500
(144)                    </h5>
(145)                    <div class="d-grid gap-2">
(146)                        <a href="product.html"> 查看商品 </a>
(147)                        <a href="cart.html"> 加入購物車 </a>
(148)                    </div>
(149)                </div>
(150)            </div>
(151)        </div>
(152)        <div class="col-sm-6 col-md-3">
(153)            <div class="card">
(154)                <img class="card-img-top" src="./images/product/
      eva_2.jpg" alt="TG-B-0001">
(155)                <div class="card-body">
(156)                    <h4 class="card-title">TG-B-0001</h4>
(157)                    <p class="card-text"> 登山拐杖握把，EVA 發泡材質 </p>
(158)                    <h5 class="card-text">NT$ 500</h5>
(159)                    <div class="d-grid gap-2">
(160)                        <a href="product.html"> 查看商品 </a>
(161)                        <a href="cart.html"> 加入購物車 </a>
(162)                    </div>
(163)                </div>
(164)            </div>
(165)        </div>
(166)        <div class="col-sm-6 col-md-3">
(167)            <div class="card">
(168)                <img class="card-img-top" src="./images/product/
      eva_3.jpg" alt="LTG-B-0001">
(169)                <div class="card-body">
(170)                    <h4 class="card-title">LTG-B-0001</h4>
(171)                    <p class="card-text"> 登山拐杖握把，EVA 發泡材質 </p>
(172)                    <h5 class="card-text">NT$ 500</h5>
(173)                    <div class="d-grid gap-2">
(174)                        <a href="product.html"> 查看商品 </a>
```

```
(175)                        <a href="cart.html"> 加入購物車 </a>
(176)                    </div>
(177)                </div>
(178)            </div>
(179)        </div>
(180)        <div class="col-sm-6 col-md-3">
(181)            <div class="card">
(182)                <img class="card-img-top" src="./images/product/
      eva_4.jpg" alt="G-B-0001">
(183)                <div class="card-body">
(184)                    <h4 class="card-title">G-B-0001</h4>
(185)                    <p class="card-text"> 登山拐杖握把，EVA 發泡材質 </p>
(186)                    <h5 class="card-text">NT$ 500</h5>
(187)                    <div class="d-grid gap-2">
(188)                        <a href="product.html"> 查看商品 </a>
(189)                        <a href="cart.html"> 加入購物車 </a>
(190)                    </div>
(191)                </div>
(192)            </div>
(193)        </div>
(194)        <div class="col-sm-6 col-md-3">
(195)            <div class="card">
(196)                <img class="card-img-top" src="./images/product/
      eva_5.jpg" alt="G-B-0002">
(197)                <div class="card-body">
(198)                    <h4 class="card-title">G-B-0002</h4>
(199)                    <p class="card-text"> 登山拐杖握把，EVA 發泡材質 </p>
(200)                    <h5 class="card-text">NT$ 500</h5>
(201)                    <div class="d-grid gap-2">
(202)                        <a href="product.html"> 查看商品 </a>
(203)                        <a href="cart.html"> 加入購物車 </a>
(204)                    </div>
(205)                </div>
(206)            </div>
(207)        </div>
(208)        <div class="col-sm-6 col-md-3">
(209)            <div class="card">
(210)                <img class="card-img-top" src="./images/product/
      eva_6.jpg" alt="TU-BY-0001">
(211)                <div class="card-body">
(212)                    <h4 class="card-title">TU-BY-0001</h4>
(213)                    <p class="card-text"> 專利樣式雙色 EVA 發泡套管 </p>
(214)                    <h5 class="card-text">NT$ 500</h5>
(215)                    <div class="d-grid gap-2">
(216)                        <a href="product.html"> 查看商品 </a>
```

```
(217)                    <a href="cart.html">加入購物車 </a>
(218)                 </div>
(219)              </div>
(220)           </div>
(221)        </div>
(222)        <div class="col-sm-6 col-md-3">
(223)           <div class="card">
(224)              <img class="card-img-top" src="./images/product/
      eva_7.jpg" alt="MG-GO-0002">
(225)              <div class="card-body">
(226)                 <h4 class="card-title">MG-GO-0002</h4>
(227)                 <p class="card-text"> 客製化雙色登山拐杖握把，EVA 發泡
      材質 </p>
(228)                 <h5 class="card-text">NT$ 500</h5>
(229)                 <div class="d-grid gap-2">
(230)                    <a href="product.html"> 查看商品 </a>
(231)                    <a href="cart.html"> 加入購物車 </a>
(232)                 </div>
(233)              </div>
(234)           </div>
(235)        </div>
(236)        <div class="col-sm-6 col-md-3">
(237)           <div class="card">
(238)              <img class="card-img-top" src="./images/product/
      eva_8.jpg" alt="LG-GP-0001">
(239)              <div class="card-body">
(240)                 <h4 class="card-title">LG-GP-0001</h4>
(241)                 <p class="card-text"> 客製化雙色登山拐杖握把，EVA 發泡
      材質 </p>
(242)                 <h5 class="card-text">NT$ 500</h5>
(243)                 <div class="d-grid gap-2">
(244)                    <a href="product.html"> 查看商品 </a>
(245)                    <a href="cart.html"> 加入購物車 </a>
(246)                 </div>
(247)              </div>
(248)           </div>
(249)        </div>
(250)     </div>
(251) </section>
(252) <!-- 熱門產品 /end -->
```

◇ 解說

128：建立 <section> 標籤並加入 container 類別以建立固定寬度的佈局。

129：建立 <div> 標籤並加入 row 類別以建立水平群組列。

130：建立 <div> 標籤。

131：建立 <h2> 標籤並輸入「熱門產品」文字。

133、152、166、180、194、208、222、236：建立 <div> 標籤並加入 col-sm-6 與 col-md-3 兩類別進行內容佈局。

134、153、167、181、195、209、223、237：建立 <div> 標籤並加入 card 類別。接續則使用卡片元件的結構與類別來進行內容建置。

135、154、168、182、196、210、224、238：建立 <img> 標籤並連結 images > product 資料夾的 eva_1.jpg ～ eva_8.jpg 圖片，與設定各自的 alt 屬性值，並加入 card-img-top 類別來將圖片置於卡片的頂部，以調整圖片左上與右上的圓角屬性。

136、155、169、183、197、211、225、239：建立 <div> 標籤並加入 card-body 類別，使內容與邊緣保有一定的距離。

137、156、170、184、198、212、226、240：建立 <h4> 標籤並加入 card-title 類別，使產品編號文字呈現較大效果外，因為 card-title 的屬性樣式得以與底下內容保有一定距離。

138、157、171、185、199、213、227、241：建立 <p> 標籤並加入 card-text 類別來包覆説明內容。

139、158、172、186、200、214、228、242：建立 <h5> 標籤並加入 card-text 類別來包覆價格文字，同時文字也呈現較大效果。

140：建立 <small> 標籤使被包覆的文字呈現出略小的效果。

141：建立 <del> 標籤並輸入商品原價格，因為標籤屬性的關係使文字具有刪除線。

143：商品販售金額。

145、159、173、187、201、215、229、243：在 <div> 標籤中加入 d-grid 與 gap-2 兩類別，分別建立格線容器並調整其間隙。

146、160、174、188、202、216、230、244：建立 <a> 標籤，在 href 屬性中建立連結網址「product.html」。

147、161、175、189、203、217、231、245：建立 <a> 標籤，在 href 屬性中建立連結網址「cart.html」。

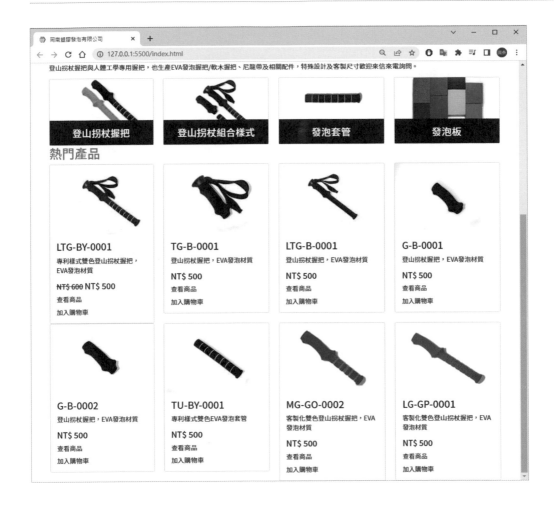

15.7.2　輔助類別

此節會針對 HTML 中的特定標籤進行修改，改用 Bootstrap 所提供的輔助類別來完成頁面調整與美化的製作，調整重點如下：

1. 不同區塊與元件間的距離。

2. 文字顏色。

3. 按鈕樣式。

由於第一件至第八件商品的 HTML 結構均相同（第一件商品的原價格除外），故筆者僅以第一件商品 HTML 中所要加入的類別位置為例進行講解，第二件至第八件商品的輔助類別套用請參照此小節。

◇ HTML

```
(127) <!-- 熱門產品 /start -->
(128) <section class="container mt-5">
(129)     <div class="row">
(130)         <div class="mb-2">
(131)             <h2>熱門產品 </h2>
(132)         </div>
(133)         <div class="col-sm-6 col-md-3">
(134)             <div class="card mb-3">
(135)                 <img class="card-img-top" src="./images/product/
      eva_1.jpg" alt="LTG-BY-0001">
(136)                 <div class="card-body">
(137)                     <h4 class="card-title">LTG-BY-0001</h4>
(138)                     <p class="card-text">專利樣式雙色登山拐杖握把，EVA 發
      泡材質 </p>
(139)                     <h5 class="card-text text-danger">
(140)                         <small class="text-secondary me-2">
(141)                             <del>NT$ 600</del>
(142)                         </small>
(143)                         NT$ 500
(144)                     </h5>
(145)                     <div class="d-grid gap-2">
(146)                         <a href="product.html" class="btn btn-
      outline-secondary">查看商品 </a>
(147)                         <a href="cart.html" class="btn btn-outline-
      primary">加入購物車 </a>
(148)                     </div>
(149)                 </div>
(150)             </div>
(151)         </div>
(152)         網頁內容－省略
(250)     </div>
(251) </section>
(252) <!-- 熱門產品 /end -->
```

◇ 解說

128：在 <div> 標籤中加入 mt-5 類別，以調整上方外距的距離。

130：在 \<div\> 標籤中加入 `mb-2` 類別，以調整下方外距的距離。

139、158、172、186、200、214、228、242：在 \<h5\> 標籤中加入 `text-danger` 類別，使文字顏色改為紅色。

140：在 \<small\> 標籤中所要加入的類別如下：

　　(1) `text-secondary`：將文字顏色改為淺灰色。

　　(2) `me-2`：調整右方外距的距離。

146、160、174、188、202、216、230、244：在 \<a\> 標籤中所要加入的類別如下：

　　(1) `btn`：套用 Bootstrap 的按鈕樣式。

　　(2) `btn-outline-secondary`：使按鈕樣式變為灰色外框。

147、161、175、189、203、217、231、245：在 \<a\> 標籤中所要加入的類別如下：

　　(1) `btn`：套用 Bootstrap 的按鈕樣式。

　　(2) `btn-outline-primary`：使按鈕樣式變為藍色外框。

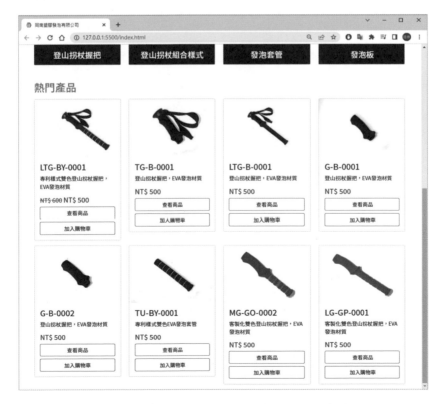

15.8 關於岡南

15.8.1 內容建置

關於岡南是公司的簡短介紹文，此區塊的 HTML 內容建置與解說如下：

◇ HTML

```
(253) <!-- 關於岡南 /start -->
(254) <section class="container">
(255)     <h2> 關於岡南 </h2>
(256)     <p> 本公司創立於西元 1980 年，前身為岡南木業有限公司，期間經營各種內外銷高品
      質木製家具及木製品加工製造項目。後期因台灣家具木業外移至大陸地區生產製造，本公司基
      於社會責任並根留台灣力拼轉型，並於西元 2003 年轉型開發 EVA 材質之登山拐杖握把產品，
      並提供世界各大廠代工製造服務，因業務發展需要，公司於西元 2014 年變更為岡南塑膠發泡
      有限公司。我們將竭盡心力繼續以優良的服務及專業的技術及高度的品質來提供您最滿意的產
      品。歡迎您來電或來信與我們聯絡 </p>
(257) </section>
(258) <!-- 關於岡南 /end -->
```

◇ 解說

254：建立 <section> 標籤並加入 container 類別以建立固定寬度的佈局。

255：建立 <h2> 標籤並輸入「關於岡南」文字。

256：建立 <p> 標籤並輸入關於岡南的介紹。

15.8.2 輔助類別

此節會針對 HTML 中的特定標籤進行修改，改用 Bootstrap 所提供的輔助類別來完成頁面調整與美化的製作，此區塊所使用的輔助類別與解說如下：

1. 不同區塊間的距離。

◇ HTML

```
(253) <!-- 關於岡南 /start -->
(254) <section class="container mt-5">
(255)     <h2>關於岡南</h2>
(256)     網頁內容－省略
(257) </section>
(258) <!-- 關於岡南 /end -->
```

◇ 解說

254：在 <div> 標籤中加入 mt-5 類別，以調整上方外距的距離。

15.9 地圖

15.9.1 內容建置

地圖的設計為嵌入 Google Map 以呈現公司位置，此區塊的 HTML 內容建置與解說如下：

1. 響應式媒體。

◇ HTML

```
(259) <!-- google map/start -->
(260) <section>
(261)     <iframe src="https://www.google.com/maps/embed?pb=!1m18!1m12!
    1m3!1d3615.005038298767!2d121.56232116500627!3d25.03390308397241!2m
    3!1f0!2f0!3f0!3m2!1i1024!2i768!4f13.1!3m3!1m2!1s0x3442abb6da9c9e1f%3
    A0x1206bcf082fd10a6!2zMTEw5Y-w5YyX5biC5L-h576p5Y2A5L-h576p6Lev5LqU5q
    61N-iZn-WPsOWMlzEwMQ!5e0!3m2!1szh-TW!2stw!4v1516115087364"></iframe>
(262) </section>
(263) <!-- google map/end -->
```

◇ 解說

260：建立 <section> 標籤。

261：透過 <iframe> 來載入 Google Map 的連結。

補充說明

目前地圖區塊因未有高度，故地圖無法呈現在網頁中。

15.9.2 輔助類別

此節會針對 HTML 中的特定標籤進行修改，改用 Bootstrap 所提供的輔助類別來完成頁面調整與美化的製作，此區塊所使用的輔助類別與解說如下：

1. 不同區塊間的距離。

◇ HTML 程式碼

```
(259) <!-- google map/start -->
(260) <section class="mt-5">
(261)     網頁內容－省略
(262) </section>
(263) <!-- google map/end -->
```

◇ 解說

260：在 <div> 標籤中加入 mt-5 類別，以調整上方外距的距離。

15.9.3 定義 CSS 樣式

地圖區塊因未有高度而無法順利呈現，故在 style.css 文件中建立 .map 選擇器，屬性樣式建置重點如下：

1. 高度與寬度。

◇ CSS

```
.map{
    width: 100%; /* 寬度 */
    height: 300px; /* 高度 */
}
```

建置完樣式後，於 HTML 的第 261 行加入 map 類別，加入結果如下：

◇ HTML

```
(259) <!-- google map/start -->
(260) <section class="mt-5">
(261)     <iframe src="https://www.google.com/maps/embed?pb-!1m18!1m12!
    1m3!1d3615.005038298767!2d121.56232116500627!3d25.03390308397241!2m
    3!1f0!2f0!3f0!3m2!1i1024!2i768!4f13.1!3m3!1m2!1s0x3442abb6da9c9e1f%3
    A0x1206bcf082fd10a6!2zMTEw5Y-w5YyX5biC5L-h576p5Y2A5L-h576p6Lev5LqU5q
    61N-iZn-WPsOWMlzEwMQ!5e0!3m2!1szh-TW!2stw!4v1516115087364"
    class="map"></iframe>
(262) </section>
(263) <!-- google map/end -->
```

15.10 頁腳－選單連結

15.10.1 內容建置

在頁腳的設計部分會呈現三種內容，1. 選單連結、2.E-mail 訂閱與 3. 版權所有。此節將以「選單連結」為主，進行與主選單相同的連結按鈕建置。此區塊的 HTML 內容建置與解說如下：

1. 網格佈局，在選單連結與 E-mail 訂閱的佈局上，會以 768px 尺寸作為斷點，大於 768px 時每組內容佔用 6 格欄位，小於 768px 時每組內容佔用 12 格欄位。

2. 以 \<li> 標籤建置選單。

◇ HTML

```
(264) <!-- 頁腳 /start -->
(265) <footer>
(266)     <div class="container">
(267)         <div class="row">
(268)             <!-- 選單連結 /start -->
(269)             <div class="col-md-6">
(270)                 <ul>
(271)                     <li><a href="index.html">首頁 </a></li>
(272)                     <li><a href="about.html">關於岡南 </a></li>
(273)                     <li><a href="shop.html">產品商城 </a></li>
(274)                     <li><a href="job.html"> 人力資源 </a></li>
(275)                     <li><a href="contact.html">連絡我們 </a></li>
(276)                     <li><a href="login.html">登入 </a></li>
(277)                     <li><a href="cart.html">購物車 </a></li>
(278)                     <li><a href="checkout.html">結帳 </a></li>
(279)                 </ul>
(280)             </div>
(281)             <!-- 選單連結 /end -->
(282)         </div>
(283)     </div>
(284) </footer>
(285) <!-- 頁腳 /end -->
```

◇ 解說

265：建立 <footer> 標籤。

266：建立 <div> 標籤並加入 `container` 類別以建立固定寬度的佈局。

267：建立 <div> 標籤並加入 `row` 類別以建立水平群組列。

269：建立 <div> 標籤並加入 `col-md-6` 類別進行內容佈局。

270：建立 <ul> 標籤。

271 ～ 278：建立 <li> 與 <a> 兩種標籤，並輸入各自的選單文字。

15.10.2 輔助類別

此節會針對 HTML 中的特定標籤進行修改，改用 Bootstrap 所提供的輔助類別來完成頁面調整與美化的製作，此區塊所使用的輔助類別與解說如下：

1. 不同區塊與元件間的距離。

2. 背景顏色。

◇ HTML

```
(264) <!-- 頁腳 /start -->
(265) <footer class="bg-dark">
(266)     <div class="container pt-3 pt-md-5">
(267)         <div class="row">
(268)             <!-- 選單連結 /start -->
(269)             <div class="col-md-6 mb-3">
```

```
(270)                          網頁內容－省略
(280)                </div>
(281)                <!-- 選單連結 /end -->
(282)            </div>
(283)         </div>
(284) </footer>
(285) <!-- 頁腳 /end -->
```

◇ 解說

265：在 <footer> 標籤中加入 `bg-dark` 類別，使背景顏色改為深灰色。

266：在 <div> 標籤中所要加入的類別如下：

(1) `pt-3`：調整上方內距的距離。

(2) `pt-md-5`：調整下方內距在大於 992px 時的距離。

269：在 <div> 標籤中加入 `mb-3` 類別，以調整下方外距的距離。

15.10.3 定義 CSS 樣式

在頁腳選單的樣式調整上，雖然利用 Bootstrap 輔助類別可解決大部分效果，但某些效果還是得依賴 CSS 的輔助。另外值得思考的是，由於選單連結數量較多，若每個選單都加上數個類別進行調整，日後反而不易維護，故建議頁腳選單的調整樣式改由自己所定義的 CSS 樣式進行調整，在 style.css 文件中建

立 .footer-menu 選擇器並針對底下的 <li> 與 <a> 兩標籤建置後代選擇器，
屬性樣式建置重點如下：

1. 將 <li> 標籤改為行內元素排列。

2. 每個 <li> 標籤之間的距離。

3. 選單在一般與滑入兩狀態時的樣式。

◇ CSS 樣式

```
.footer-menu{
    display: block; /* 區塊元素 */
    list-style: none; /* 清除符號樣式 */
    padding: 0; /* 內距值歸零 */
    margin: 0; /* 外距值歸零 */
}
.footer-menu > li{
    display: inline-block; /* 行內元素 */
    margin-right: 1rem; /* 右方外距 */
}
.footer-menu > li > a{
    color: #fff; /* 顏色 */
    padding: 1rem 0rem; /* 上下內距值為 1rem，左右外距值為 0 */
}
.footer-menu > li > a:hover{
    color: #999; /* 顏色 */
}
```

建置完樣式後，於 HTML 的第 270 行加入 footer-menu 類別，加入結果如下：

◇ HTML

```
(264) <!-- 頁腳 /start -->
(265)     <footer class="bg-dark">
(266)         <div class="container pt-3 pt-md-5">
(267)             <div class="row">
(268)                 <!-- 選單連結 /start -->
(269)                 <div class="col-md-6 mb-3">
(270)                     <ul class="footer-menu">
(271)                         網頁內容－省略
(279)                     </ul>
(280)                 </div>
```

```
(281)                         <!-- 選單連結 /end -->
(282)                 </div>
(283)             </div>
(284)         </footer>
(285) <!-- 頁腳 /end -->
```

15.11 頁腳 － E-mail 訂閱

15.11.1 內容建置

此節將以「E-mail 訂閱」建置為主，藉此方式可讓企業蒐集到訪客的 E-mail，往後企業可於固定時間寄送相關資訊給消費者，此區塊的 HTML 內容建置與解說如下：

1. 使用 Form（表單）元件進行建置。

◇ HTML

```
(282) <!-- 訂閱 /start -->
(283) <div class="col-md-6">
(284)     <h6>留下 E-mail，訂閱岡南塑膠發泡，可搶先獲得最新的資訊喔！</h6>
(285)     <form action="">
(286)         <input type="email" class="form-control" placeholder="請輸入
      e-mail">
(287)         <button type="submit">傳送</button>
(288)     </form>
(289) </div>
(290) <!-- 訂閱 /end -->
```

◈ 解說

283：建立 <div> 標籤並加入 col-md-6 類別進行內容佈局。

284：建立 <h6> 標籤並輸入標題文字。

285：建立 <form> 標籤。

286：建立 <input> 標籤，所要加入的屬性與類別如下：

    (1) type：email 類型。

    (2) form-control：調整輸入框的樣式。

    (3) placeholder：輸入框中的提示文字為「請輸入 e-mail」。

287：建立 <button> 標籤並指定類型為 submit（送出）。

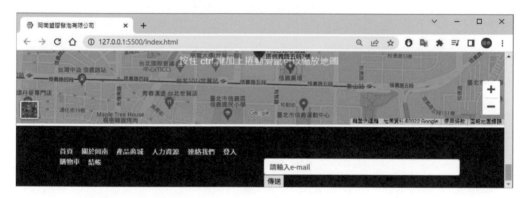

15.11.2 輔助類別

此節會針對 HTML 中的特定標籤進行修改，改用 Bootstrap 所提供的輔助類別來完成頁面調整與美化的製作，此區塊所使用的輔助類別與解說如下：

1. 不同區塊與元件間的距離。

2. 說明文字的顏色。

3. 按鈕樣式。

◇ HTML

```
(282) <!-- 訂閱 /start -->
(283) <div class="col-md-6 mb-3">
(284)     <h6 class="text-white">留下 E-mail，訂閱岡南塑膠發泡，可搶先獲得最新的
      資訊喔！</h6>
(285)     <form action="">
(286)         <input type="email" class="form-control mt-3 mb-2"
      placeholder=" 請輸入 e-mail">
(287)         <button type="submit" class="btn btn-primary float-end">傳送
      </button>
(288)     </form>
(289) </div>
(290) <!-- 訂閱 /end -->
```

◇ 解說

283：在 <div> 標籤中加入 mb-3 類別，以調整下方外距的距離。

284：在 <h6> 標籤中加入 text-white 類別，將文字顏色改為白色。

286：在 <input> 標籤中所要加入的類別如下：

(1) mt-3：調整上方外距的距離。

(2) mb-2：調整下方外距的距離。

287：在 <button> 標籤中所要加入的類別如下：

(1) btn：套用 Bootstrap 的按鈕樣式。

(2) btn-primary：使按鈕變為藍色。

(3) float-end：使按鈕改為向右對齊。

15.11.3 定義 CSS 樣式

依據設計稿結果，當網頁小於 768px 時，「送出」按鈕的寬度要改為填滿父容器的寬度，然而此結果無法事先在 <button> 中加入 w-100 類別，若加入此類別，無論是任何尺寸的網頁，該按鈕的寬度都會以 100% 呈現。

故在 style.css 中撰寫 @media 並以 768px 作為斷點，同時建立 .send-btn 選擇器以調整按鈕寬度，屬性樣式建置如下：

◈ CSS

```
@media screen and (max-width: 768px){
    .send-btn{
        width: 100%; /* 寬度 */
    }
}
```

建置完樣式後，於 HTML 的第 287 行加入 send-btn 類別，加入結果如下：

◈ HTML

```
(282) <!-- 訂閱 /start -->
(283) <div class="col-md-6 mb-3">
(284)     <h6 class="text-white"> 留下 E-mail，訂閱岡南塑膠發泡，可搶先獲得最新的
          資訊喔！</h6>
(285)     <form action="">
(286)         <input type="email" class="form-control mt-2 mb-2"
          placeholder=" 請輸入 e-mail">
(287)         <button type="submit" class="btn btn-primary float-end send-
          btn"> 傳送 </button>
(288)     </form>
(289) </div>
(290) <!-- 訂閱 /end -->
```

15.12 頁腳－版權所有

15.12.1 內容建置

此節將以「版權所有」建置為主，此區塊的 HTML 內容建置與解說如下：

◇ HTML

```
(291) <!-- 版權所有 /start -->
(292) <div>
(293)     <p>(c) Copyrights 2022 岡南塑膠發泡 .</p>
(294) </div>
(295) <!-- 版權所有 /end -->
```

◇ 解說

292：建立 <div> 標籤。

293：建立 <p> 標籤並輸入版權所有文字。

15.12.2 輔助類別

此節會針對 HTML 中的特定標籤進行修改，改用 Bootstrap 所提供的輔助類別來完成頁面調整與美化的製作，此區塊所使用的輔助類別與解說如下：

1. 不同區塊間的距離。

2. 文字的顏色與對齊位置。

◈ HTML

```
(291) <!-- 版權所有 /start -->
(292) <div class="mt-3">
(293)     <p class="text-white text-center">(c) Copyright 2022 岡南塑膠發
      泡.</p>
(294) </div>
(295) <!-- 版權所有 /end -->
```

◈ 解說

292：在 <div> 標籤中加入 mt-3 類別，以調整上方外距的距離。

293：在 <p> 標籤中所要加入的類別如下：

　　(1) text-white：使文字顏色改為白色。

　　(2) text-center：將文字改為置中對齊。

Note

企業型購物網站
一關於岡南

16.1 實作概述

關於我們的頁面，一般而言都是用來敘述公司的相關資訊，如歷史沿革、重要事記或團隊成員等，使訪客對該企業有初步的認識。

此章節的內容建置會以介紹岡南企業的資訊為主，且範例檔案中已保留選單與頁腳兩組內容，故不需重新建置。

◈ 學習重點

➤ 網格佈局。

➤ CSS：Typography（文字排版）、Utilities（輔助類別）。

◈ 練習與成果檔案

➤ HTML 練習檔案：company website / Practice / about.html

➤ CSS 練習檔案：company website / Practice / css / style.css

➤ 成果檔案：company website / Final / about.html

➤ 教學影片：video/ch16.mp4

16.2 主選單調整

目前所處的頁面為「關於岡南」,在選單中需調整「active」類別的位置。

將原本位於第 29 行的 active 類別刪除,且於第 32 行中新增 active 類別,使選單中的「關於岡南」會呈現出與其他按鈕不一樣的顏色效果。

◇ HTML

```
(26)    <div class="collapse navbar-collapse" id="navbarNav">
(27)        <ul class="navbar-nav">
(28)            <li class="nav-item">
(29)                <a class="nav-link" href="index.html">首頁</a>
(30)            </li>
(31)            <li class="nav-item">
(32)                <a class="nav-link active" href="about.html">關於岡南</a>
(33)            </li>
(34)            網頁內容－省略
(49)    </div>
```

16.3 介紹岡南

16.3.1 內容建置

關於岡南區塊的設計為圖文排版,此區塊的 HTML 內容建置與解說如下:

1. 工廠圖片與企業簡介的佈局:以 768px 作為斷點,大於時各自佔用 5 格與 7 格欄位;小於時則佔用 12 格欄位。

◇ HTML

```
(53)  <!-- 關於岡南 /start -->
(54)  <section>
(55)      <div class="container">
(56)          <div class="row">
(57)              <div class="col-md-5">
(58)                  <img src="./images/factory.png" alt="kohnan
      factory">
(59)              </div>
(60)              <div class="col-md-7">
(61)                  <h2> 企業簡介 </h2>
(62)                  <p> 岡南塑膠發泡有限公司創立於西元 1980 年，前身為岡南木業有限
      公司，期間經營各種內外銷高品質木製家具及木製品加工製造項目。</p>
(63)                  <p> 後期因台灣家具木業外移至大陸地區生產製造，本公司基於社會責
      任並根留台灣力拼轉型，並於西元 2003 年轉型開發 EVA 材質之登山拐杖握把產品，並提供世
      界各大廠代工製造服務，因業務發展需要，公司於西元 2014 年變更為岡南塑膠發泡有限公司。
      </p>
(64)                  <p> 我們將竭盡心力繼續以優良的服務及專業的技術及高度的品質來提
      供您最滿意的產品。歡迎您來電或來信與我們聯絡！</p>
(65)                  <h2> 專業能力 </h2>
(66)                  <p> 岡南塑膠發泡有限公司，專門生產製作登山拐杖握把與人體工學專
      用握把，也生產 EVA 發泡握把 / 軟木握把、尼龍帶及相關配件，特殊設計及客製尺寸歡迎來信
      來電詢問。</p>
(67)              </div>
(68)          </div>
(69)      </div>
(70)  </section>
(71)  <!-- 關於岡南 /end -->
```

◇ 解說

54：建立 <section> 標籤。

55：建立 <div> 標籤並加入 container 類別以建立固定寬度的佈局。

56：建立 <div> 標籤並加入 row 類別以建立水平群組列。

57：建立 <div> 標籤並加入 col-md-5 類別進行內容佈局。

58：建立 <img> 標籤並連結 images 資料夾的 factory.png 圖片，以及設定 alt 屬性值為「kohnan factory」。

60：建立 <div> 標籤並加入 col-md-7 類別進行內容佈局。

61、65：建立 <h2> 標籤並輸入標題文字「企業簡介」與「專業能力」。

62 ～ 64 與 66：建立 <p> 標籤與介紹內容。

16.3.2 輔助類別

此節會針對 HTML 中的特定標籤進行修改，改用 Bootstrap 所提供的輔助類別來完成頁面調整與美化的製作，此區塊所使用的輔助類別與解說如下：

1. 不同區塊間的距離。

2. 工廠圖片為響應式圖片且改以垂直置中對齊為主。

◇ HTML

```
(53)   <!-- 關於岡南 /start -->
(54)   <section>
(55)       <div class="container pt-5 pb-5">
(56)           <div class="row">
(57)               <div class="col-md-5 mb-3">
(58)                   <img src="./images/factory.png" alt="kohnan factory"
       class="img-fluid w-100 shadow-lg">
(59)               </div>
(60)               <div class="col-md-7 mb-3">
(61)                   <h2> 企業簡介 </h2>
(62)                   網頁內容－省略
```

```
(67)                </div>
(68)            </div>
(69)        </div>
(70)    </section>
(71)    <!-- 關於岡南 /end -->
```

◇ 解說

55：在 <div> 標籤中所要加入的類別如下：

　　(1) pt-5：調整上方內距的距離。

　　(2) pb-5：調整下方內距的距離。

57：在 <div> 標籤中所要加入 mb-3 類別，使調整下方外距的距離。

58：在 <div> 標籤中所要加入的類別如下：

　　(1) img-fluid：使圖片尺寸可依據父容器的寬度自動縮放，以達到彈性圖片結果。

　　(2) w-100：使圖片寬度可延展到父容器寬度。

　　(3) shadow-lg：使圖片套用陰影效果。

60：在 <div> 標籤中所要加入 mb-3 類別，使調整下方外距的距離。

16.3.3 定義 CSS 樣式

當頁面內容較少時，會導致頁面高度無法適應載具的高度，在頁腳下方會出現一塊白色無內容的區塊，雖此結果並不影響整體的表現，但在視覺上會略顯差矣，故在 style.css 文件中建立 .page-content 選擇器，藉此給予頁面最小高度值，屬性樣式建置重點如下：

◇ CSS

```
.page-content{
    min-height: 700px; /* 最小高度 */
}
```

建置完樣式後，於 HTML 的第 54 行加入 page-content 類別，加入結果如下：

◇ HTML

```
(53) <!-- 關於岡南 /start -->
(54) <section class="page-content">
(55)     網頁內容 - 省略
(70) </section>
(71) <!-- 關於岡南 /end -->
```

Note

企業型購物網站
－人力資源

17.1 實作概述

人力資源的頁面，一般而言會有兩種做法：1. 頁面中列出相關職缺與連結、2. 選單中的按鈕直接連結到人力銀行網站。

此章節的內容建置會以列出公司職缺為主，且範例檔案中已保留選單與頁腳兩組內容，故不需重新建置。

◇ 學習重點

> 網格佈局。

> CSS：Table（表格）、Utilities（輔助類別）。

◇ 練習與成果檔案

> HTML 練習檔案：company website / Practice / job.html

> CSS 練習檔案：company website / Practice / css / style.css

> 成果檔案：company website / Final / job.html

> 教學影片：video/ch17.mp4

17.2 內容建置

關於人力資源的設計會以表格方式作為呈現，此區塊的 HTML 內容建置與解說如下：

1. 使用 Table（表格）進行建置。

2. 表格以 576px 作為響應式的斷點。

3. 表格樣式。

◇ HTML

```
(53)    <!-- 人力資源 / start -->
(54)    <section class="page-content">
(55)        <div class="container pt-5 pb-5">
(56)            <div class="row">
(57)                <h2> 人力資源 </h2>
(58)                <div class="table-responsive-sm">
(59)                    <table class="table table-hover">
(60)                        <thead>
(61)                            <tr>
(62)                                <th scope="col"> 職務名稱 </th>
(63)                                <th scope="col"> 工作地區 </th>
(64)                                <th scope="col"> 工作內容 </th>
(65)                                <th scope="col"> 應徵 </th>
(66)                            </tr>
(67)                        </thead>
(68)                        <tbody>
(69)                            <tr>
(70)                                <th scope="row">PCB 產品售後服務 工程師 </th>
(71)                                <td> 新北市林口區 </td>
(72)                                <td>
(73)                                    <ul>
(74)                                        <li>1 年以上工作經歷，專科、大學學歷
       </li>
(75)                                        <li> 客戶端機台安裝及維修 </li>
(76)                                        <li> 機構組裝及電控程式修改 / 配線 </li>
(77)                                        <li> 可接受出差 </li>
(78)                                    </ul>
(79)                                </td>
(80)                                <td>
```

```
(81)                                      <a href="https://www.104.com.tw">
     我要應徵 </a>
(82)                                  </td>
(83)                              </tr>
(84)                              <tr>
(85)                          <th scope="row"> 自動控制  工程師 </th>
(86)                          <td> 台中市豐原區 </td>
(87)                          <td>
(88)                              <ul>
(89)                                  <li>2 年以上工作經歷，專科、大學、碩士
     學歷 </li>
(90)                                  <li> 機構開發設計 </li>
(91)                              </ul>
(92)                          </td>
(93)                          <td>
(94)                              <a href="https://www.104.com.tw">
     我要應徵 </a>
(95)                          </td>
(96)                              </tr>
(97)                              <tr>
(98)                          <th scope="row">PLC  工程師 </th>
(99)                          <td> 台中市豐原區 </td>
(100)                         <td>
(101)                             <ul>
(102)                                 <li>2 年以上工作經歷，專科、大學、碩士
     學歷 </li>
(103)                                 <li>PLC  程式撰寫 </li>
(104)                             </ul>
(105)                         </td>
(106)                         <td>
(107)                             <a href="https://www.104.com.tw">
     我要應徵 </a>
(108)                .             </td>
(109)                             </tr>
(110)                         </tbody>
(111)                     </table>
(112)                 </div>
(113)             </div>
(114)         </div>
(115) </section>
(116) <!-- 人力資源 /end -->
```

◇ 解說

57：建立 <h2> 標籤並輸入標題文字「人力資源」。

58：建立 <div> 標籤並加入 `table-responsive-sm` 類別，使表格在小於 576px 尺寸時具有響應式的效果。

59：建立 <table> 標籤，所要加入的類別的如下：

    (1) `table`：套用 Bootstrap 的表格樣式。

    (2) `table-hover`：使當滑鼠滑入表格時，儲存格的底色會呈現淺灰色，以作為提示。

60：建立 <thead> 標籤，作為表格的頁首區塊。

61、69、84、97：建立 <tr> 標籤。

62 ～ 65：建立 <th> 標籤並輸入各自欄位的標題文字，其標籤的屬性可調整下方邊框與文字粗細等樣式。

68：建立 <tbody> 標籤，作為表格的內容區塊。

70、85、98：建立 <th> 標籤並輸入職務名稱，其標籤的屬性可調整下方邊框與文字粗細等樣式。

71、86、99：建立 <td> 標籤並加入工作地區，其標籤的屬性可調整下方邊框等樣式。

72、87、100：建立 <td> 標籤，其標籤的屬性可調整下方邊框等樣式。

73、88、101：建立 <ul> 標籤。

74 ～ 77、88 ～ 89、101 ～ 102：建立 <li> 標籤，使工作內容得以用條列式方式呈現。

80、93、106：建立 <td> 標籤，其標籤的屬性可調整下方邊框等樣式。

81、94、107：建立 <a> 標籤，在 href 屬性中建立連結網址「https://www.104.com.tw」，以及連結文字「我要應徵」。

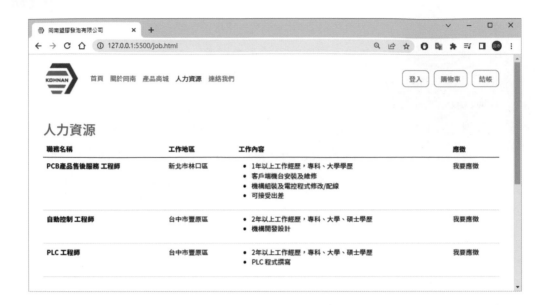

輔助類別

此節會針對 HTML 中的特定標籤進行修改，改用 Bootstrap 所提供的輔助類別來完成頁面調整與美化的製作，此區塊所使用的輔助類別與解說如下：

1. 表格標題的背景顏色。

2. 按鈕樣式。

◇ HTML

```
(53)  <!-- 人力資源 /start -->
(54)  <section class="page-content">
(55)      <div class="container pt-5 pb-5">
(56)          <div class="row">
(57)              <h2>人力資源 </h2>
(58)              <div class="table-responsive-sm">
(59)                  <table class="table table-hover align-middle">
(60)                      <thead class="table-dark fs-5">
(61)                          網頁內容－省略
(80)                          <td>
(81)                              <a href="https://www.104.com.tw"
      class="btn btn-secondary text-white">我要應徵 </a>
```

```
(82)                              </td>
(83)                          網頁內容－省略
(93)                              <td>
(94)                                  <a href="https://www.104.com.tw"
    class="btn btn-secondary text-white"> 我要應徵 </a>
(95)                              </td>
(96)                          網頁內容－省略
(106)                             <td>
(107)                                 <a href="https://www.104.com.tw"
    class="btn btn-secondary text-white"> 我要應徵 </a>
(108)                             </td>
(109)                         網頁內容－省略
(110)     </div>
(111) </section>
(112) <!-- 人力資源 /end -->
```

◇ 解說

59：在 <table> 標籤中加入 align-middle 類別，使內容調整為垂直置中
對齊。

60：在 <thead> 標籤中所要加入的類別如下：

　　(1) table-dark：使整個標題欄的背景改為黑色且文字為白色。

　　(2) fs-5：調整文字尺寸。

81、94、107：在 <a> 標籤中所要加入的類別如下：

　　(1) btn：套用 Bootstrap 的按鈕樣式。

　　(2) btn-secondary：使按鈕樣式變為灰色。

　　(3) text-white：使文字顏色改為白色。

企業型購物網站
一連絡我們

18.1 實作概述

連絡我們的頁面中，常見的內容會有 1. 相關連絡資料、2. 社群連結與 3. 公司位置的 Google Map，有時也會提供連絡表單供訪客或消費者有簡便的管道能與公司聯繫。

此章節的內容建置以連絡我們的資訊為主，且範例檔案中已保留選單與頁腳兩組內容，故不需重新建置。

◇ **學習重點**

➤ 網格佈局。

➤ CSS：Typography（文字排版）、Utilities（輔助類別）。

➤ 元件：Form（表單）。

◇ **練習與成果檔案**

➤ HTML 練習檔案：company website / Practice / contact.html

➤ CSS 練習檔案：company website / Practice / css / style.css

> ➤ 成果檔案：company website / Final / contact.html

> ➤ 教學影片：video/ch18.mp4

 **連絡資訊**

18.2.1　內容建置

在連絡我們的設計部分會呈現兩種內容，1. 連絡資訊與 2. 連絡表單。

此節將以「連絡資訊」為主進行內容建置，此區塊的 HTML 內容建置與解說如下：

1. 網格佈局，在連絡資訊與連絡表單的佈局上，以 768px 尺寸作為斷點，大於 768px 時每組內容佔用 6 格欄位，小於 768px 時每組內容佔用 12 格欄位。

2. 使用 Bootstrap 圖示來取代地址、電話與電子信箱三段文字。

◈ HTML

```
(53)    <!-- 連絡我們 /start -->
(54)    <section class="page-content">
(55)        <div class="container pt-5 pb-5">
(56)            <div class="row">
(57)                <!-- 連絡資訊 /start -->
(58)                <div class="col-md-6">
(59)                    <h2> 連絡資訊 </h2>
(60)                    <div>
(61)                        <p>
(62)                            <i class="bi bi-geo-alt-fill"></i>
(63)                            <span>42072 台中市豐原區朴子街 260 巷 2 弄 22 號
        </span>
(64)                        </p>
(65)                        <p>
(66)                            <i class="bi bi-telephone-fill"></i>
(67)                            <a href="tel:04-2523469">04-2523469</a>
(68)                        </p>
(69)                        <p>
(70)                            <i class="bi bi-envelope-fill"></i>
```

```
(71)                               <a href="mailto:kohnan@kohnan.com.tw">
       kohnan@kohnan.com.tw</a>
(72)                           </p>
(73)                       </div>
(74)                   </div>
(75)                   <!-- 連絡資訊 /end -->
(76)                   <!-- 連絡表單 /start -->
(77)                   <div class="col-md-6">
(78)
(79)                   </div>
(80)                   <!-- 連絡表單 /end -->
(81)               </div>
(82)           </div>
(83)       </section>
(84)   <!-- 連絡我們 /end -->
```

◇ 解說

58 與 77：建立 <div> 標籤並加入 col-md-6 類別進行內容佈局。

59：建立 <h2> 標籤並輸入「連絡資訊」。

60：建立 <div> 標籤。

61、65、69：建立 <p> 標籤，以包覆底下的 <i> 與 <a> 兩標籤內容。

62、66、70：建立地址、電話與電子信箱的 Bootstrap icon 圖示。

63、67、71：建立 <a> 標籤並依序輸入相關資料。

18.2.2 輔助類別

此節會針對 HTML 中的特定標籤進行修改，改用 Bootstrap 所提供的輔助類別來完成頁面調整與美化的製作，此區塊所使用的輔助類別與解說如下：

◇ HTML

```
(53)    <!-- 連絡我們 /start -->
(54)    <section class="page-content">
(55)        <div class="container pt-5 pb-5">
(56)            <div class="row">
(57)                <!-- 連絡資訊 /start -->
(58)                <div class="col-md-6 mb-5">
(59)                    <h2 class="mt-5 mb-5">連絡資訊</h2>
(60)                    <div>
(61)                        網頁內容－省略
(82)        </div>
(83)    </section>
(84)    <!-- 連絡我們 /end -->
```

◇ 解說

58：在 <div> 標籤中加入 mb-5 類別，以調整下方外距的距離。

60：在 <div> 標籤中所要加入的類別如下：

    (1) mt-5：調整上方外距的距離。

    (2) mb-5：調整下方外距的距離。

18.3 連絡表單

18.3.1 內容建置

此節將以「連絡表單」為主，並以 Form（表單）進行內容建置。使訪客或消費者對商品有任何建議或想尋求合作時，都可藉由此溝通管道與公司聯繫，此區塊的 HTML 內容建置與解說如下：

◈ HTML

```
(76)  <!-- 連絡表單 /start -->
(77)  <div class="col-md-6">
(78)      <h2> 連絡表單 </h2>
(79)      <p> 謝謝瀏覽本網站。若您有任何需要或意見，請留下資料，我們會儘快與您聯絡！</p>
(80)      <form action="">
(81)          <div>
(82)              <input type="text" class="form-control" id="name"
      placeholder=" 公司名稱 / 連絡人 ">
(83)          </div>
(84)          <div>
(85)              <input type="email" class="form-control" id="e-mail"
      placeholder=" 電子信箱 ">
(86)          </div>
(87)          <div>
(88)              <input type="number" class="form-control" id="tel"
      placeholder=" 連絡電話 ">
(89)          </div>
(90)          <div>
(91)              <input type="text" class="form-control" id="business"
      placeholder=" 營業項目 ">
(92)          </div>
(93)          <div>
(94)              <textarea rows="5" class="form-control" id="message"
      placeholder=" 需求與建議 "></textarea>
(95)          </div>
(96)          <button type="submit"> 送出 </button>
(97)      </form>
(98)  </div>
(99)  <!-- 連絡表單 /end -->
```

◇ 解說

78：建立 <h2> 標籤並輸入「連絡表單」。

79：建立 <p> 標籤並說明表單的用意。

80：建立 <form> 標籤。

81、84、87、90、93：建立 <div> 標籤。

82：建立 <input> 標籤，所要加入的屬性與類別如下：

(1) type：text 類型。

(2) form-control：調整輸入框的樣式。

(3) id：屬性值為「name」。

(4) placeholder：輸入框中的提示文字為「公司名稱 / 連絡人」。

85：建立 <input> 標籤，所要加入的屬性與類別如下：

(1) type：email 類型。

(2) form-control：調整輸入框的樣式。

(3) id：屬性值為「e-mail」。

(4) placeholder：輸入框中的提示文字為「電子信箱」。

88：建立 <input> 標籤，所要加入的屬性與類別如下：

(1) type：number 類型。

(2) form-control：調整輸入框的樣式。

(3) id：屬性值為「tel」。

(4) placeholder：輸入框中的提示文字為「連絡電話」。

91：建立 <input> 標籤，所要加入的屬性與類別如下：

(1) type：text 類型。

(2) form-control：調整輸入框的樣式。

(3) id：屬性值為「business」。

(4) placeholder：輸入框中的提示文字為「營業項目」。

94：建立 <textarea> 標籤，所要加入的屬性與類別如下：

(1) rows：使文字預設可顯示 5 行。

(2) `form-control`：調整輸入框的樣式。

(3) `id`：屬性值為「message」。

(4) `placeholder`：輸入框中的提示文字為「需求與建議」。

96：建立 <button> 標籤並指定類型為 submit（送出）。

18.3.2 輔助類別

此節會針對 HTML 中的特定標籤進行修改，改用 Bootstrap 所提供的輔助類別來完成頁面調整與美化的製作，此區塊所使用的輔助類別與解說如下：

1. 不同區塊與元件間的距離。

2. 按鈕樣式。

◇ HTML

```
(76)    <!-- 連絡表單 /start -->
(77)    <div class="col-md-6">
(78)        <h2> 連絡表單 </h2>
(79)        <p class="mt-5"> 謝謝瀏覽本網站。若您有任何需要或意見，請留下資料，我們會
        儘快與您聯絡！</p>
(80)        <form action="">
(81)            <div class="mb-3">
```

```
(82)              <input type="text" class="form-control" id="name"
       placeholder=" 公司名稱 / 連絡人 ">
(83)          </div>
(84)          <div class="mb-3">
(85)              <input type="email" class="form-control" id="e-mail"
       placeholder=" 電子信箱 ">
(86)          </div>
(87)          <div class="mb-3">
(88)              <input type="number" class="form-control" id="tel"
       placeholder=" 連絡電話 ">
(89)          </div>
(90)          <div class="mb-3">
(91)              <input type="text" class="form-control" id="business"
       placeholder=" 營業項目 ">
(92)          </div>
(93)          <div class="mb-3">
(94)              <textarea rows="5" class="form-control" id="message"
       placeholder=" 需求與建議 "></textarea>
(95)          </div>
(96)          <button type="submit" class="btn btn-primary float-end send-
       btn"> 送出 </button>
(97)      </form>
(98)  </div>
(99)  <!-- 連絡表單 /end -->
```

◇ 解說

79：在 <p> 標籤中加入 mt-5 類別，以調整上方外距的距離。

81、84、87、90、93：在 <div> 標籤中加入 mb-3 類別，以調整下方外距的距離。

96：在 <button> 標籤中所要加入的類別如下：

(1) btn：套用 Bootstrap 的按鈕樣式。

(2) btn-primary：使按鈕變為藍色。

(3) float-end：使按鈕改為向右對齊。

(4) send-btn：於 17.11.3 小節所定義的 CSS 樣式，使送出按鈕當小於 768px 尺寸時，寬度會延展到整個父容器。

企業型購物網站
－登入與註冊

19.1 實作概述

購物型的網站均會有註冊與登入的頁面，如此企業才可有效掌握會員人數與訂單等狀態，掌握會員的基本資料也有利於往後的行銷推廣。

此章節的內容建置會以登入與註冊兩種表單為主。範例檔案中已保留選單與頁腳兩組內容，故不需重新建置。

◇ 學習重點

➤ 網格佈局。

➤ CSS：Utilities（輔助類別）。

➤ 元件：Form（表單）。

◇ 練習與成果檔案

➤ HTML 練習檔案：company website / Practice / login.html

➤ CSS 練習檔案：company website / Practice / css / style.css

➤ 成果檔案：company website / Final / login.html

➤ 教學影片：video/ch19.mp4

19.2 登入

19.2.1 內容建置

此節將以「登入」為主來進行內容建置，此區塊的 HTML 內容建置與解說如下：

1. 網格佈局，在登入與註冊的佈局上，以 768px 尺寸作為斷點，大於 768px 時每組內容佔用 6 格欄位，小於 768px 時每組內容佔用 12 格欄位。

2. 使用 Form（表單）進行建置。

◇ HTML

```
(57)    <!-- 登入 /start -->
(58)    <div class="col-md-6">
(59)        <h2> 登入 </h2>
(60)        <form action="">
(61)            <div>
(62)                <label for="Email"> 帳號或 Email 電子信箱
(63)                    <span>*</span>
(64)                </label>
(65)                <input type="text" class="form-control" id="Email"
        placeholder=" 必填，帳號或 Email 電子信箱 " required>
(66)            </div>
(67)            <div>
(68)                <label for="Password"> 密碼
(69)                    <span>*</span>
(70)                </label>
(71)                <input type="password" class="form-control" id=
        "Password" placeholder=" 必填，密碼 " required>
(72)            </div>
(73)            <div>
(74)                <div class="form-check">
(75)                    <label class="form-check-label">
(76)                        <input class="form-check-input" type="checkbox">
        記住我
(77)                    </label>
(78)                </div>
(79)            </div>
(80)            <button type="submit"> 登入 </button>
(81)        </form>
```

```
(82)    </div>
(83)    <!-- 登入 /end -->
(84)    <!-- 註冊 /start -->
(85)    <div class="col-md-6">
(86)
(87)    </div>
(88)    <!-- 註冊 /end -->
```

◇ 解說

58 與 85：建立 <div> 標籤並加入 col-md-6 類別進行內容佈局。

59：建立 <h2> 標籤並輸入「登入」。

60：建立 <form> 標籤。

61、67、73：建立 <div> 標籤。

62、68：建立 <label> 標籤並各自輸入「帳號或 Email 電子信箱」與「密碼」。

63、69：建立 <span> 標籤並輸入「*」。

65：建立 <input> 標籤，所要加入的屬性與類別如下：

　　(1) type：text 類型。

　　(2) form-control：調整輸入框的樣式。

　　(3) id：屬性值為「Email」。

　　(4) placeholder：輸入框中的提示文字為「必填，帳號或 Email 電子信箱」。

　　(5) required：表示該欄位為必填。

71：建立 <input> 標籤，所要加入的屬性與類別如下：

　　(1) type：password 類型。

　　(2) form-control：調整輸入框的樣式。

　　(3) id：屬性值為「Password」。

　　(4) placeholder：輸入框中的提示文字為「必填，密碼」。

　　(5) required：表示該欄位為必填。

74：建立 `<div>` 標籤並加入 `form-check` 類別，以向右移動固定的距離。

75：建立 `<label>` 標籤並加入 `form-check-label` 類別，使 `<label>` 標籤預設的下方外距值歸零。

76：建立 `<input>` 標籤，所要加入的屬性與類別如下：

(1) `form-check-input`：調整 checkbox 與文字的距離。

(2) `type`：checkbox 類型。

80：建立 `<button>` 標籤並指定類型為 submit（送出）。

19.2.2 輔助類別

此節會針對 HTML 中的特定標籤進行修改，改用 Bootstrap 所提供的輔助類別來完成頁面調整與美化的製作，此區塊所使用的輔助類別與解說如下：

1. 不同區塊間的距離。

2. 文字顏色。

3. 按鈕樣式。

◈ HTML

```
(57)  <!-- 登入 /start -->
(58)  <div class="col-md-6 mb-5">
(59)      <h2> 登入 </h2>
(60)      <form action="">
```

```
(61)            <div class="mb-3">
(62)                <label for="Email">帳號或 Email 電子信箱
(63)                    <span class="text-danger">*</span>
(64)                </label>
(65)                <input type="text" class="form-control" id="Email"
    placeholder=" 必填，帳號或 Email 電子信箱 " required>
(66)            </div>
(67)            <div class="mb-3">
(68)                <label for="Password">密碼
(69)                    <span class="text-danger">*</span>
(70)                </label>
(71)                <input type="password" class="form-control" id=
    "Password" placeholder=" 必填，密碼 " required>
(72)            </div>
(73)            <div class="mb-3">
(74)                <div class="form-check">
(75)                    <label class="form-check-label">
(76)                        <input class="form-check-input" type="checkbox">
    記住我
(77)                    </label>
(78)                </div>
(79)            </div>
(80)            <button type="submit" class="btn btn-primary send-btn">登入
    </button>
(81)        </form>
(82)    </div>
(83) <!-- 登入 /end -->
```

◇ 解說

58：在 <div> 標籤中加入 mb-5 類別，以調整下方外距的距離。

61、67、73：在 <div> 標籤中加入 mb-3 類別，以調整下方外距的距離。

63 與 69：在 <span> 標籤中加入 text-danger 類別，使文字顏色改為紅色。

80：在 <button> 標籤中所要加入的類別如下：

(1) btn：套用 Bootstrap 的按鈕樣式。

(2) btn-primary：使按鈕變為藍色。

(3) send-btn：自定義樣式，使送出按鈕當小於 768px 尺寸時，寬度會延展到整個父容器。

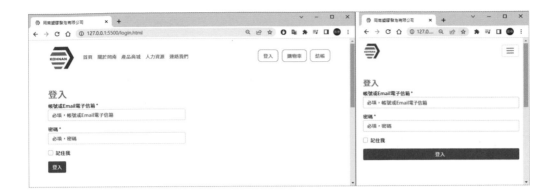

19.3.1 內容建置

此節將以「註冊」為主，消費者必須先完成註冊才可進行購物動作，此區塊的 HTML 內容建置與解說如下：

◇ HTML

```
(84)  <!-- 註冊 /start -->
(85)  <div class="col-md-6">
(86)      <h2> 註冊 </h2>
(87)      <form action="">
(88)          <div>
(89)              <label for="RegisteredAccount"> 帳號
(90)                  <span>*</span>
(91)              </label>
(92)              <input type="text" class="form-control" id=
      "RegisteredAccount" placeholder=" 必填，帳號 " required>
(93)          </div>
(94)          <div>
(95)              <label for="RegisteredEmail"> 電子信箱
(96)                  <span>*</span>
(97)              </label>
(98)              <input type="email" class="form-control" id=
      "RegisteredEmail" placeholder=" 必填，電子信箱 " required>
(99)          </div>
(100)         <div>
(101)             <label for="RegisteredPassword"> 密碼
```

```
(102)                    <span>*</span>
(103)              </label>
(104)              <input type="password" class="form-control" id=
    "RegisteredPassword" placeholder="必填，密碼" required>
(105)          </div>
(106)          <button type="submit">註冊</button>
(107)      </form>
(108) </div>
(109) <!-- 註冊 /end -->
```

◇ 解說

86：建立 <h2> 標籤並輸入「註冊」。

87：建立 <form> 標籤。

88、94、100：建立 <div> 標籤。

89、95、101：建立 <label> 標籤並各自輸入「帳號」、「電子信箱」與「密碼」。

90、96、102：建立 <span> 標籤並輸入「*」。

91、97、103：建立 <input> 標籤，所要加入的屬性與類別如下：

　　(1) type：依序為 text 類型、email 類型與 password 類型。

　　(2) form-control：調整輸入框的樣式。

　　(3) id：屬性值依序為「RegisteredAccount」、「RegisteredEmail」與「RegisteredPassword」。

　　(4) placeholder：輸入框中的提示文字依序為「必填，帳號」、「必填，電子信箱」與「必填，密碼」。

　　(5) required：表示該欄位為必填。

106：建立 <button> 標籤並指定類型為 submit（送出）。

19.3.2 輔助類別

此節會針對 HTML 中的特定標籤進行修改,改用 Bootstrap 所提供的輔助類別
來完成頁面調整與美化的製作,此區塊所使用的輔助類別與解說如下:

1. 不同區塊間的距離。

2. 文字顏色。

3. 按鈕樣式。

◈ HTML

```
(84)  <!-- 註冊 /start -->
(85)  <div class="col-md-6 mb-5">
(86)      <h2> 註冊 </h2>
(87)      <form action="">
(88)          <div class="mb-3">
(89)              <label for="RegisteredAccount"> 帳號
(90)                  <span class="text-danger">*</span>
(91)              </label>
(92)              <input type="text" class="form-control" id=
      "RegisteredAccount" placeholder=" 必填,帳號 " required>
(93)          </div>
(94)          <div class="mb-3">
(95)              <label for="RegisteredEmail"> 電子信箱
```

```
(96)                      <span class="text-danger">*</span>
(97)                  </label>
(98)                  <input type="email" class="form-control" id=
     "RegisteredEmail" placeholder="必填，電子信箱" required>
(99)          </div>
(100)         <div class="mb-3">
(101)             <label for="RegisteredPassword">密碼
(102)                  <span class="text-danger">*</span>
(103)             </label>
(104)             <input type="password" class="form-control" id=
     "RegisteredPassword" placeholder="必填，密碼" required>
(105)         </div>
(106)         <button type="submit" class="btn btn-primary send-btn">註冊
     </button>
(107)     </form>
(108) </div>
(109) <!-- 註冊 /end -->
```

◇ 解說

85：在 <div> 標籤中加入 mb-5 類別，以調整下方外距的距離。

88、94、100：在 <div> 標籤中加入 mb-3 類別，以調整下方外距的距離。

90、96、102：在 <span> 標籤中加入 text-danger 類別，使文字顏色改為紅色。

106：在 <button> 標籤中所要加入的類別如下：

　　(1) btn：套用 Bootstrap 的按鈕樣式。

　　(2) btn-primary：使按鈕變為藍色。

　　(3) send-btn：自定義樣式，使送出按鈕當小於 768px 尺寸時，寬度會延展到整個父容器。

Note

CHAPTER

20

企業型購物網站
－商品商城

20.1 實作概述

購物網站中最主要的頁面就是商城，頁面中會列出相關商品，也可透過篩選的方式重新調整商品順序；在側邊欄中會列出搜尋、購物清單、商品分類等功能，藉此讓消費者能快速的依照自身需求來查看各種商品與瞭解目前購買情況。

此章節的內容建置會以岡南的商品為主，且範例檔案中已保留選單與頁腳兩組內容，故不需重新建置。

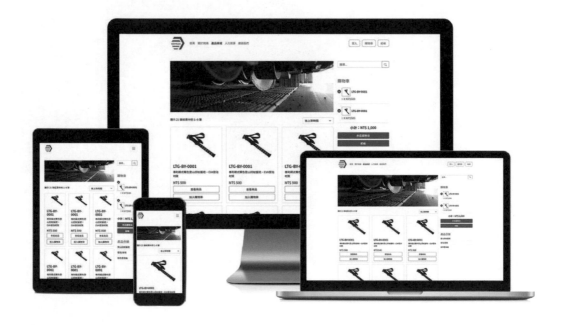

◇ 學習重點

➤ 網格佈局。

➤ CSS：Typography（文字排版）、Utilities（輔助類別）。

➤ 元件：Card（卡片）、Button（按鈕）、Form（表單）、Pagination（分頁）。

➤ 互動：Tooltips（工具提示）。

◈ 練習與成果檔案

➢ HTML 練習檔案：company website / Practice / shop.html

➢ CSS 練習檔案：company website / Practice / css / style.css

➢ 成果檔案：company website / Final / shop.html

➢ 教學影片：video/ch20.mp4

 20.2 左側欄－廣告圖與商品排序

20.2.1 內容建置

此區塊的設計為列出廣告圖、每頁資料數量與頁數狀態，以及排序功能，此區塊的 HTML 內容建置與解說如下：

1. 兩欄式佈局，以 768px 尺寸作為斷點，大於 768px 時網格分為 9 欄與 3 欄，小於 768px 時各佔用 12 格欄位，且側邊欄需在商品區之下。

2. 巢狀式佈局。

3. select 選擇器。

◈ HTML

```
(58)  <!-- 商品區 /start -->
(59)  <div class="col-md-9">
(60)      <div class="row">
(61)          <div>
(62)              <img src="./images/slider_2.jpg" alt="Shop Banner">
(63)          </div>
(64)          <!-- 排序 /start -->
(65)          <div>
(66)              <p>顯示 21 筆結果中的 1-9 筆 </p>
(67)              <form action="">
(68)                  <select>
(69)                      <option> 依上架時間 </option>
(70)                      <option> 依熱銷度 </option>
(71)                      <option> 依價格排序：低至高 </option>
(72)                      <option> 依價格排序：高至低 </option>
```

```
(73)                    </select>
(74)                </form>
(75)            </div>
(76)            <!-- 排序 /end -->
(77)            <!-- 商品 /start -->
(78)
(79)            <!-- 商品 /end -->
(80)            <!-- 分頁 /start -->
(81)
(82)            <!-- 分頁 /end -->
(83)        </div>
(84)    </div>
(85) <!-- 商品區 /end -->
```

◇ 解說

59：建立 <div> 標籤並加入 `col-md-9` 類別進行內容佈局。

60：建立 <div> 標籤並加入 `row` 類別以建立水平群組列。

61：建立 <div> 標籤。

62：建立 <img> 標籤並連結 images 資料夾的 slider_2.jpg 圖片，以及設定 alt 屬性值為「Shop Banner」。

65：建立 <div> 標籤。

66：建立 <p> 標籤並輸入「顯示 21 筆結果中的 1-9 筆」文字來表示總商品數量與目前頁面的商品數量。

67：建立 <form> 標籤。

68：建立 <select> 標籤。

69 ～ 72：建立 <option> 標籤並輸入各種排序的選項。

20.2.2 輔助類別

此節會針對 HTML 中的特定標籤進行修改，改用 Bootstrap 所提供的輔助類別來完成頁面調整與美化的製作，此區塊所使用的輔助類別與解說如下：

1. 不同區塊間的距離。

2. 標籤的 display 屬性。

3. 對齊位置。

◈ HTML

```
(58)  <!-- 商品區 /start -->
(59)  <div class="col-md-9">
(60)      <div class="row">
(61)          <div class="mb-3">
(62)              <img src="./images/slider_2.jpg" alt="Shop Banner"
      class="img-fluid">
(63)          </div>
(64)          <!-- 排序 /start -->
```

```
(65)                <div class="mt-3 mb-3">
(66)                    <p class="d-inline-block">顯示 21 筆結果中的 1-9 筆</p>
(67)                    <form action="" class="d-inline-block float-end">
(68)                        <select class="form-select">
(69)                            <option>依上架時間</option>
(70)                            <option>依熱銷度</option>
(71)                            <option>依價格排序：低至高</option>
(72)                            <option>依價格排序：高至低</option>
(73)                        </select>
(74)                    </form>
(75)                </div>
(76)                <!-- 排序 /end -->
(85)            </div>
(86)        </div>
(87)    <!-- 商品區 /end -->
```

◇ 解說

61：在 <div> 標籤中加入 mb-3 類別，以調整下方外距的距離。

62：在 <img> 標籤中加入 img-fluid 類別，使圖片尺寸可依據父容器的寬度自動縮放以達到彈性圖片結果。

65：在 <div> 標籤中所要加入的類別如下：

　　(1) mt-3：調整上方外距的距離。

　　(2) mb-3：調整下方外距的距離。

66：在 <p> 標籤中加入 d-inline-block 類別，以改為行內元素。

67：在 <form> 標籤中所要加入的類別如下：

　　(1) d-inline-block：改為行內元素。

　　(2) float-end：進行靠右對齊。

68：在 <select> 標籤中加入 form-select 類別，以調整輸入框的樣式。

20.3.1 內容建置

每組商品的 HTML 建置與首頁的商品建置相同，此區塊的 HTML 內容建置與解說如下：

1. 網格佈局，在九組卡片元件的佈局上，以 576px 與 768px 兩尺寸作為斷點，大於 768px 時每組內容佔用 4 格欄位；介於 576px ～ 768px 於時每組內容佔用 6 格欄位，小於 576px 時每組內容佔用 12 格欄位

2. 使用 Card（卡片）元件進行建置。

3. 此節以建置一組商品為例，後續則採用複製的方式滿足此頁的商品數量。

◈ HTML

```
(77)  <!-- 商品 /start -->
(78)  <div class="col-sm-6 col-md-4">
(79)      <div class="card">
(80)          <img class="card-img-top" src="./images/product/eva_1.jpg"
      alt="LTG-BY-0001">
(81)          <div class="card-body">
(82)              <h4 class="card-title">LTG-BY-0001</h4>
(83)              <p class="card-text"> 專利樣式雙色登山拐杖握把，EVA 發泡材質 </p>
(84)              <h5 class="card-text">NT$ 500</h5>
```

```
(85)                <div class="d-grid gap-2">
(86)                    <a href="product.html"> 查看商品 </a>
(87)                    <a href="cart.html"> 加入購物車 </a>
(88)                </div>
(89)            </div>
(90)        </div>
(91)    </div>
(92) <!-- 商品 /end -->
```

◇ 解說

78：建立 <div> 標籤並加入 col-sm-6 與 col-md-4 兩類別進行內容佈局。

79：建立 <div> 標籤並加入 card 類別。接續則使用卡片元件的結構與類別來進行內容建置。

80：建立 <img> 標籤並連結 images 資料夾的 eva_1.jpg 圖片，以及設定 alt 屬性值為「TUM-CL-B-0001」，並加入 card-img-top 類別來將圖片置於卡片的頂部，以及調整圖片左上與右上的圓角屬性。

81：建立 <div> 標籤並加入 card-body 類別，使內容與邊緣保有一定的距離。

82：建立 <h4> 標籤並加入 card-title 類別，使文章主題文字呈現較大效果外，因為 card-title 的屬性樣式得以與底下內容保有一定距離。

83：建立 <p> 標籤並加入 card-text 類別來包覆文章內容，此類別可將最後一段 <p> 標籤的下方外距屬性值歸零。

84：建立 <h5> 標籤並加入 card-text 類別並輸入價格。

85：建立 <div> 標籤，並加入 d-grid 與 gap-2 兩類別，分別建立格線容器並調整其間隙。

86 ～ 87：建立 <a> 標籤，在 href 屬性中建立連結網址以及連結文字。

20.3.2 輔助類別

此節會針對 HTML 中的特定標籤進行修改，改用 Bootstrap 所提供的輔助類別來完成頁面調整與美化的製作，此區塊所使用的輔助類別與解說如下：

1. 不同區塊間的距離。

2. 文字顏色。

3. 按鈕樣式。

◇ HTML

```
(77)  <!-- 商品 /start -->
(78)  <div class="col-sm-6 col-md-4 mb-3">
(79)     <div class="card">
(80)        <img class="card-img-top" src="./images/product/eva_1.jpg"
      alt="LTG-BY-0001">
(81)        <div class="card body">
(82)           <h4 class="card-title">LTG-BY-0001</h4>
(83)           <p class="card-text"> 專利樣式雙色登山拐杖握把，EVA 發泡材質 </p>
(84)           <h5 class="card-text text-danger">NT$ 500</h5>
(85)           <div class="d-grid gap-2">
(86)              <a href="product.html" class="btn btn-outline-
      secondary"> 查看商品 </a>
(87)              <a href="cart.html" class="btn btn-outline-primary">
      加入購物車 </a>
(88)           </div>
```

20-9

```
(89)              </div>
(90)         </div>
(91)    </div>
(92) <!-- 商品 /end -->
```

◇ 解說

78：在 <div> 標籤中加入 `mb-3` 類別，以調整下方外距的距離。

84：在 <h5> 標籤中加入 `text-danger` 類別，使文字顏色改為紅色。

85：在 <a> 標籤中所要加入的類別如下：

(1) `btn`：套用 Bootstrap 的按鈕樣式。

(2) `btn-outline-secondary`：使按鈕邊框變為灰色。

(3) `btn-block`：使按鈕的寬度延伸到父容器的寬度。

86：在 <a> 標籤中所要加入的類別如下：

(1) `btn`：套用 Bootstrap 的按鈕樣式。

(2) `btn-outline-primary`：使按鈕邊框變為藍色。

(3) `btn-block`：使按鈕的寬度延伸到父容器的寬度。

最後，複製第 78 行～第 91 行的 HTML 內容，並貼上八次以滿足此頁面需要的九組商品。

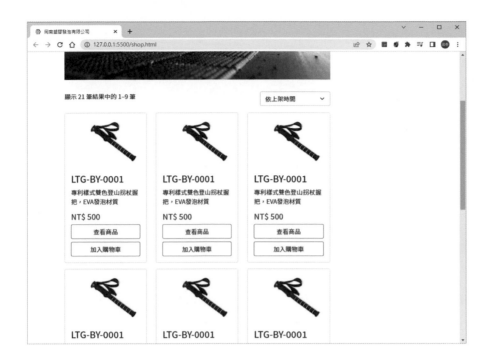

20.4 左側欄－分頁

20.4.1 內容建置

當商品大於一定數值時，為了避免一次載入太多商品而導致網頁速度變慢，會利用「分頁」的方式處理，每頁最多只會列出固定數量的商品，此區塊的 HTML 內容建置與解說如下：

1. 使用 Pagination（分頁）元件進行建置。

◇ HTML

```
(205) <!-- 分頁 /start -->
(206) <nav>
(207)     <ul class="pagination">
(208)         <li class="page-item">
(209)             <a class="page-link" href="#" aria-label="Previous">
(210)                 <span aria-hidden="true">&laquo;</span>
(211)             </a>
```

```
(212)            </li>
(213)            <li class="page-item"><a class="page-link" href="#">1</a></li>
(214)            <li class="page-item"><a class="page-link" href="#">2</a></li>
(215)            <li class="page-item"><a class="page-link" href="#">3</a></li>
(216)            <li class="page-item">
(217)                <a class="page-link" href="#" aria-label="Next">
(218)                    <span aria-hidden="true">&raquo;</span>
(219)                </a>
(220)            </li>
(221)        </ul>
(222) </nav>
(223) <!-- 分頁 /end -->
```

◇ 解說

206：建立 <nav> 標籤。

207：建立 <ul> 標籤並加入 pagination 類別，以定義分頁的基本樣式。

208、213、214、215、216：建立 <li> 標籤並加入 page-item 類別。此類別雖無屬性，但與被包覆內容的 page-link 類別為後代選擇器關係，藉此調整第一個與最後一個項目清單的圓角屬性。

209：建立 <a> 標籤，所要加入的類別如下：

　　(1) page-link：調整連結的樣式。

　　(2) href：連結位置「#」。

　　(3) aria-label：使螢幕閱讀器可讀出該內容為「Previous」。

210：建立 <span> 標籤中輸入 «，此編碼為 HTML 中的上一頁符號。

213 ～ 215：建立 <a> 標籤，所要加入的類別如下：

　　(1) page-link：調整連結的樣式。

　　(2) href：連結位置「#」。

217：建立 <a> 標籤，所要加入的類別如下：

　　(1) page-link：調整連結的樣式。

　　(2) href：連結位置「#」。

　　(3) aria-label：使螢幕閱讀器可讀出該內容為「Next」。

218：建立 <span> 標籤中輸入 »，此編碼為 HTML 中的下一頁符號。

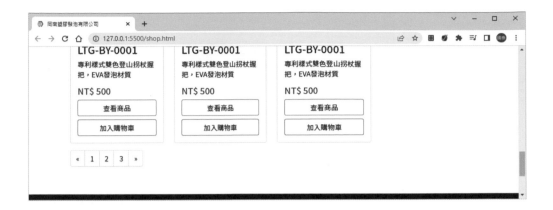

23.3.2 輔助類別

此節會針對 HTML 中的特定標籤進行修改，改用 Bootstrap 所提供的輔助類別來完成頁面調整與美化的製作，此區塊所使用的輔助類別與解說如下：

◇ HTML

```
(205) <!-- 分頁 /start -->
(206) <nav class="d-flex justify-content-center mb-5">
(207)    <ul class="pagination">
(208)        網頁內容－省略
(221)    </ul>
(222) </nav>
(223) <!-- 分頁 /end -->
```

◇ 解說

206：在 <div> 標籤中所要加入的類別如下：

(1) d-flex：調整排版方式。

(2) justify-content-center：將底下內容改為水平置中對齊。

(3) mb-5：調整下方外距的距離。

20.5 右側欄－搜尋

20.5.1 內容建置

「搜尋」功能可針對網站內容進行關鍵字的搜尋並列出搜尋結果，藉此快速找尋到所要的內容，此區塊的 HTML 內容建置與解說如下：

1. 內容使用 Input group（輸入框群組）元件進行建置。

◇ HTML

```
(227) <!-- 側邊欄 /start -->
(228) <div class="col-md-3">
(229)     <div class="row">
(230)         <!-- 搜尋 /start -->
(231)         <div>
(232)             <form action="">
(233)                 <div class="input-group">
(234)                     <input type="text" class="form-control"
    placeholder=" 搜尋 ...">
(235)                     <button type="button">
(236)                         <i class="bi bi-search"></i>
(237)                     </button>
(238)                 </div>
(239)             </form>
(240)         </div>
(241)         <!-- 搜尋 /end -->
(242)         <!-- 購物清單 /start -->
```

```
(243)
(244)            <!-- 購物清單 /end -->
(245)            <!-- 產品分類 /start -->
(246)
(247)            <!-- 產品分類 /end -->
(248)      </div>
(249) </div>
(250) <!-- 側邊欄 /end -->
```

◇ 解說

228：建立 <div> 標籤並加入 `col-md-3` 類別進行內容佈局。

229：建立 <div> 標籤並加入 `row` 類別以建立水平群組列。

231：建立 <div> 標籤。

233：建立 <div> 標籤並加入 `input-group` 類別，使調整樣式。

232：建立 <form> 標籤。

234：建立 <input> 標籤，所要加入的屬性與類別如下：

　　(1) `type`：text 類型。

　　(2) `form-control`：調整輸入框的樣式。

　　(3) `placeholder`：輸入框中的提示文字為「搜尋 ...」。

235：建立 <button> 標籤並加入 type="button" 屬性。

236：使用 Bootstrap 的搜尋 icon。

20.5.2 輔助類別

此節會針對 HTML 中的特定標籤進行修改，改用 Bootstrap 所提供的輔助類別來完成頁面調整與美化的製作，此區塊所使用的輔助類別與解說如下：

1. 不同區塊間的距離。

◇ HTML

```
(227) <!-- 側邊欄 /start -->
(228) <div class="col-md-3">
(229)     <div class="row">
(230)         <!-- 搜尋 /start -->
(231)         <div class="mb-5">
(232)             <form action="">
(233)                 <div class="input-group mb-3">
(234)                     <input type="text" class="form-control"
    placeholder=" 搜尋 ...">
(235)                     <button class="btn btn-outline-secondary"
    type="button">
(236)                         <i class="bi bi-search"></i>
(237)                     </button>
(238)                 </div>
(239)             </form>
(240)         </div>
(241)         <!-- 搜尋 /end -->
(250)     </div>
(251) </div>
(252) <!-- 側邊欄 /end -->
```

◇ 解說

231：在 <div> 標籤中加入 mb-5 類別，以調整下方外距的距離。

233：在 <div> 標籤中加入 mb-3 類別，以調整下方外距的距離。

235：在 <button> 標籤中所要加入的類別如下：

(1) btn：套用 Bootstrap 的按鈕樣式。

(2) btn-outline-secondary：使按鈕邊框變為灰色。

20.6 右側欄－購物清單

20.6.1 內容建置

在購物的同時，為了讓消費者能瞭解目前購買商品的情況，通常在側邊欄會提供購物清單的列表檢視。此區塊的 HTML 內容建置與解說如下：

◇ HTML

```
(242) <!-- 購物清單 /start -->
(243) <div>
(244)     <h4>購物車</h4>
(245)     <div>
(246)         <a data-bs-toggle="tooltip" data-bs-placement="top" title="
      移除此商品 ">X</a>
(247)         <a href="product.html">
(248)             <img src="./images/product/eva_1.jpg" alt="LTG-BY-0001">
(249)             <h6>LTG-BY-0001</h6>
(250)         </a>
(251)         <p>
(252)             <span>1</span> X NT$500
(253)         </p>
(254)     </div>
(255)     <div>
(256)         <a data-bs-toggle="tooltip" data-bs-placement="top" title="
      移除此商品 ">X</a>
(257)         <a href="product.html">
(258)             <img src="./images/product/eva_1.jpg" alt="LTG-BY-0001">
(259)             <h6>LTG-BY-0001</h6>
(260)         </a>
(261)         <p>
(262)             <span>1</span> X NT$500
(263)         </p>
(264)     </div>
(265)     <div>
(266)         <h5>小計：NT$ 1,000</h5>
(267)     </div>
(268)     <div class="d-grid gap-2">
(269)         <a href="cart.html">查看購物車 </a>
(270)         <a href="checkout.html">結帳 </a>
(271)     </div>
(272) </div>
(273) <!-- 購物清單 /end -->
```

◇ 解說

243：建立 <div> 標籤。

244：建立 <h4> 標籤並輸入「購物車」，使文字呈現較大效果。

245、255、265：建立 <div> 標籤。

246、256：建立 <a> 標籤來做為 tooltip 的觸發效果，並輸入「X」符號。在 <a> 標籤所要加入的 tooltip 屬性如下：

    (1) `data-bs-toggle="tooltip"`：宣告要使用 tooltip 效果。

    (2) `data-bs-placement="top"`：彈出訊息的方向為上方。

    (3) `title=" 是否確定要移除 "`：彈出的訊息。

247、257：建立 <a> 標籤，其 href 屬性值為「product.html」。

248、258：建立 <img> 標籤並連結 images 資料夾的 eva_1.jpg 圖片，以及設定 alt 屬性值為「LTG-BY-0001」。

249、259：建立 <h6> 標籤並輸入「LTG-BY-0001」，使文字呈現較大效果。

251、261：建立 <p> 標籤。

252、262：建立 <span> 標籤以包覆購買的商品數量，以及商品單價兩內容。

266：建立 <h5> 標籤並輸入「小計：NT\$ 1,000」，使文字呈現較大效果。

268：建立 <div> 標籤，並加入 d-grid 與 gap-2 兩類別，分別建立格線容器並調整其間隙。

269、270：建立 <a> 標籤，在 href 屬性中建立對應的連結網址以及連結文字。

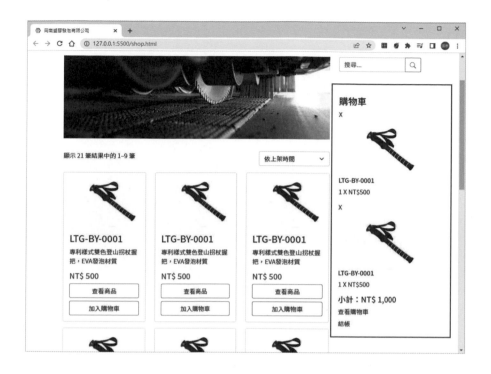

20.6.2 輔助類別

此節會針對 HTML 中的特定標籤進行修改，改用 Bootstrap 所提供的輔助類別來完成頁面調整與美化的製作，此區塊所使用的輔助類別與解說如下：

1. 不同區塊間的距離。

2. 標籤的 display 屬性。

3. 文字顏色。

4. 按鈕樣式。

◈ HTML

```
(242) <!-- 購物清單 /start -->
(243) <div class="mb-5">
(244)     <h4 class="title-color"> 購物車 </h4>
(245)     <div class="d-block">
(246)         <a class="text-white" data-bs-toggle="tooltip" data-bs-
    placement="top" title=" 移除此商品 ">X</a>
```

```
(247)            <a href="product.html" class="d-inline-block">
(248)                <img src="./images/product/eva_1.jpg" alt="LTG-BY-0001"
      class="d-inline-block">
(249)                <h6 class="d-inline-block">LTG-BY-0001</h6>
(250)            </a>
(251)            <p class="d-block text-secondary ps-4">
(252)                <span class="text-warning">1</span> X NT$500
(253)            </p>
(254)            </div>
(255)        <div class="d-block">
(256)            <a class="text-white" data-bs-toggle="tooltip" data-bs-
      placement="top" title="移除此商品">X</a>
(257)            <a href="product.html" class="d-inline-block">
(258)                <img src="./images/product/eva_1.jpg" alt="LTG-BY-0001"
      class="d-inline-block">
(259)                <h6 class="d-inline-block">LTG-BY-0001</h6>
(260)            </a>
(261)            <p class="d-block text-secondary ps-4">
(262)                <span class="text-warning">1</span> X NT$500
(263)            </p>
(264)        </div>
(265)        <div class="d-block mt-3 mb-3">
(266)            <h5 class="text-center">小計：NT$ 1,000</h5>
(267)        </div>
(268)        <div class="d-grid gap-2">
(269)            <a href="cart.html" class="btn btn-primary text-white">
      查看購物車</a>
(270)            <a href="checkout.html" class="btn btn-secondary text-
      white">結帳</a>
(271)        </div>
(272) </div>
(273) <!-- 購物清單 /end -->
```

◇ 解說

243：在 <div> 標籤中加入 mb-5 類別，以調整下方外距的距離。

244：在 <h4> 標籤中加入自定義的 title-color 類別，使標題顏色改為藍色。

245、255：在 <div> 標籤中加入 d-block 類別，將區塊改為 block 屬性。

246、256：在 <a> 標籤中加入 text-white 類別，使文字顏色改為白色。

247、257：在 <a> 標籤中加入 `d-inline-block` 類別，將區塊改為 inline-block 屬性。

248、258：在 <img> 標籤中加入 `d-inline-block` 類別，將區塊改為 inline-block 屬性。

249、259：在 <h6> 標籤中加入 `d-inline-block` 類別，將區塊改為 inline-block 屬性。

251、261：在 <p> 標籤中所要加入的類別如下：

（1) `d-block`：將區塊改為 block 屬性。

（2) `text-secondary`：將文字顏色改為淺灰色。

（3) `ps-4`：調整左方內距的距離。

252、262：在 <span> 標籤中加入 `text-warning` 類別，使文字顏色改為黃色。

265：在 <div> 標籤中所要加入的類別如下：

（1) `d-block`：將區塊改為 block 屬性。

（2) `mt-3`：調整上方外距的距離。

（3) `mb-3`：調整下方外距的距離。

266：在 <h5> 標籤中加入 `text-center` 類別，使文字改為置中對齊。

269：在 <a> 標籤中所要加入的類別如下：

（1) `btn`：套用 Bootstrap 的按鈕樣式。

（2) `btn-primary`：使按鈕變為藍色。

（3) `text-white`：將文字顏色改為白色。

270：在 <a> 標籤中所要加入的類別如下：

（1) `btn`：套用 Bootstrap 的按鈕樣式。

（2) `btn-secondary`：使按鈕變為灰色。

（3) `text-white`：將文字顏色改為白色。

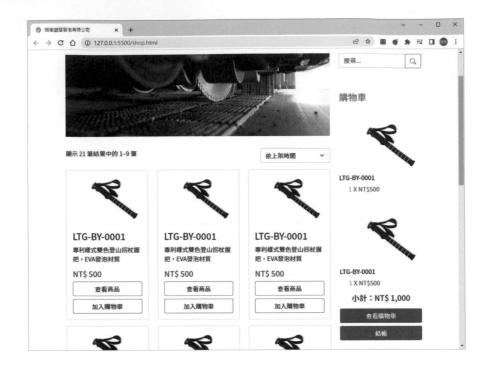

20.6.3 定義 CSS 樣式

依據設計稿結果，在購物車清單中，需針對每組商品中的刪除、圖片、名稱與價格四個內容進行調整。

故在 style.css 文件中建立 .sidebar-product-list、.sidebar-product-img、.remove 三種選擇器，屬性樣式建置重點如下：

1. .sidebar-product-list：購物清單中每組商品的基礎樣式，以及當滑入時會影響商品圖片的透明度。

2. .sidebar-product-img：圖片樣式。

3. .remove：移除按鈕樣式。

◇ CSS 程式碼

```
.sidebar-product-list{
    padding-top: 1rem; /* 上方內距 */
    border-bottom: 1px solid #e9e9e9; /* 下方邊框樣式 */
```

```
}
.sidebar-product-img{
    width: 50px; /* 寬度 */
    height: 50px; /* 高度 */
    margin: .2rem; /* 四個方向外距 */
    opacity: 1; /* 透明度 100%*/
    border: 1px solid #0099d1; /* 四個方向邊框樣式 */
}
.sidebar-product-list:hover .sidebar-product-img{
    opacity: .5; /* 透明度 50% */
}
.remove{
    display: inline-block;
    width: 20px; /* 寬度 */
    height: 20px; /* 高度 */
    text-align: center; /* 文字置中對齊 */
    line-height: 20px; /* 行高 */
    background-color: #FF0000; /* 背景顏色 */
    border-radius: 50%; /* 圓角 */
    cursor: pointer; /* 滑鼠遊標改為手指 */
}
.remove:hover{
    background-color: rgb(172, 2, 2); /* 背景顏色 */
}
```

建置完樣式後，各類別所要加入的位置如下：

(1) 245、255：在 <div> 標籤中加入 sidebar-product-list 類別。

(2) 246、256：在 <div> 標籤中加入 remove 類別。

(3) 248、258：在 <div> 標籤中加入 sidebar-product-img 類別。

◇ HTML

```
(242) <!-- 購物清單 /start -->
(243) <div class="mb-5">
(244)     <h4 class="title-color">購物車</h4>
(245)     <div class="d-block sidebar-product-list">
(246)         <a class="text-white remove" data-bs-toggle="tooltip" data-
      bs-placement="top" title="移除此商品">X</a>
(247)         <a href="product.html" class="d-inline-block">
(248)             <img src="./images/product/eva_1.jpg" alt="LTG-BY-0001"
      class="d-inline-block sidebar-product-img">
(249)             <h6 class="d-inline-block">LTG-BY-0001</h6>
```

```
(250)          </a>
(251)          <p class="d-block text-secondary ps-4">
(252)              <span class="text-warning">1</span> X NT$500
(253)          </p>
(254)          </div>
(255)      <div class="d-block sidebar-product-list">
(256)          <a class="text-white remove" data-bs-toggle="tooltip" data-
      bs-placement="top" title="移除此商品">X</a>
(257)          <a href="product.html" class="d-inline-block">
(258)              <img src="./images/product/eva_1.jpg" alt="LTG-BY-0001"
      class="d-inline-block sidebar-product-img">
(259)              <h6 class="d-inline-block">LTG-BY-0001</h6>
(260)          </a>
(261)          網頁內容－省略
(272) </div>
(273) <!-- 購物清單 /end -->
```

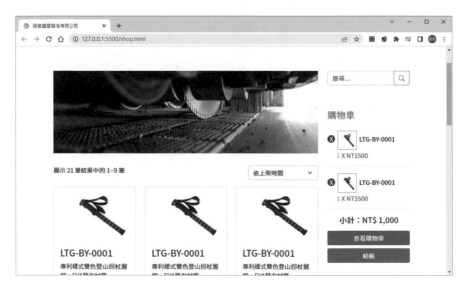

20.6.4 Script

將 HTML 文件移至最底部,並在頁腳結束之後新增下列 Script 語法,使滑入圖片時可啟用 tooltip 效果。

◇ HTML

```
(323) <!-- 頁腳 /end -->
(324) <script>
(325)     var tooltipTriggerList = [].slice.call(document.
      querySelectorAll('[data-bs-toggle="tooltip"]'))
(326)     var tooltipList = tooltipTriggerList.map(function
      (tooltipTriggerEl) {
(327)         return new bootstrap.Tooltip(tooltipTriggerEl)
(328)     })
(329) </script>
```

20.7 右側欄－商品分類

20.7.1 內容建置

在瀏覽商品時，透過分類的方式可讓消費者快速找到同類型的商品，內容建置
如下：

◈ HTML

```
(274) <!-- 產品分類 /start -->
(275) <div>
(276)     <h4> 產品分類 </h4>
(277)     <ul>
(278)         <li>
(279)             <a href="#"> 登山拐杖握把 </a>
(280)         </li>
(281)         <li>
(282)             <a href="#"> 發泡 / 套管 </a>
(283)         </li>
(284)         <li>
(285)             <a href="#"> 各色發泡板 </a>
(286)         </li>
(287)     </ul>
(288) </div>
(289) <!-- 產品分類 /end -->
```

◈ 解說

275：建立 <div> 標籤。

276：建立 <h4> 標籤並輸入「商品分類」，使文字呈現較大效果。

277：建立 <ul> 標籤。

278、281、284：建立 <li> 標籤。

279、282、285：建立 <a> 標籤。

20.7.2 輔助類別

此節會針對 HTML 中的特定標籤進行修改，改用 Bootstrap 所提供的輔助類別來完成頁面調整與美化的製作，此區塊所使用的輔助類別與解說如下：

◇ HTML

```
(274) <!-- 產品分類 /start -->
(275) <div class="mb-5">
(276)     <h4 class="title-color">產品分類 </h4>
(277)     <ul>
(278)         網頁內容－省略
(287)     </ul>
(288) </div>
(289) <!-- 產品分類 /end -->
```

◇ 解說

275：在 <div> 標籤中加入 mb-5 類別，以調整下方外距的距離。

276：在 <h4> 標籤中加入自定義的 title-color 類別，使標題顏色改為藍色。

20.7.3 定義 CSS 樣式

在 style.css 文件中建立 .sidebar-product-category 選擇器，並針對後代 <a> 標籤進行不同狀態的樣式設定，屬性樣式建置重點如下：

1. 每個 <li> 標籤的高度與底線。

2. 每個 <li> 標籤超連結與滑入時的效果與動畫。

◇ CSS

```
.sidebar-product-category{
    display: block;
    margin: 0; /* 外距歸零 */
    padding: 0; /* 內距歸零 */
    list-style: none; /* 清除清單符號 */
}
```

```
.sidebar-product-category > li{
    display: block;
    padding: .5rem 0; /* 上下內距為 0.5rem，左右為 0 */
    border-bottom: 1px solid #e9e9e9; /* 向下邊框樣式 */
}
.sidebar-product-category > li > a{
    color: rgb(43, 43, 43); /* 顏色 */
}
.sidebar-product-category > li > a:hover{
    color: #999; /* 顏色 */
}
```

建置完樣式後，於 HTML 的第 277 行加入 `sidebar-product-category`
類別，加入結果如下：

◇ HTML

```
(274) <!-- 產品分類 /start -->
(275) <div class="mb-5">
(276)     <h4 class="title-color">產品分類</h4>
(277)     <ul class="sidebar-product-category">
(278)         網頁內容－省略
(287)     </ul>
(288) </div>
(289) <!-- 產品分類 /end -->
```

企業型購物網站
一商品介紹

21.1 實作概述

商品介紹頁面，主要是提供商品的完整資訊，如商品名稱、價格、簡介與規格等，另外也針對購買的機制提供相關功能，如購買數量、加入購物車與結帳等。

此章節的內容建置會以介紹商品頁面為主，且範例檔案中已保留導覽列、頁腳與側邊欄三組內容，故不需重新建置。

❖ 學習重點

➤ 網格佈局。

➤ CSS：Typography（文字排版）、Utilities（輔助類別）。

➤ 元件：Tabs（頁籤）、Button（按鈕）。

❖ 練習與成果檔案

➤ HTML 練習檔案：company website / Practice / product.html

➤ CSS 練習檔案：company website / Practice / css / style.css

➤ 成果檔案：company website / Final / product.html

➤ 教學影片：video/ch21.mp4

 **商品介紹**

21.2.1 內容建置

產品介紹區塊的設計以詳細說明產品資訊為主，使消費者對於商品有更完整了解，此區塊的 HTML 內容建置與解說如下：

1. 商品照片與商品介紹兩內容為巢狀式佈局，並以 768px 作為斷點，大於時各自佔用 6 格欄位；小於時則佔用 12 格欄位。

◇ HTML

```
(58)  <!-- 產品說明 /start -->
(59)  <div class="col-md-9">
(60)      <div class="row">
(61)          <!-- 商品照片 /start -->
(62)          <div class="col-md-6">
(63)              <img src="./images/product/eva_1.jpg" alt="LTG-BY-0001">
(64)          </div>
(65)          <!-- 商品照片 /end -->
(66)          <!-- 商品介紹 /start -->
(67)          <div class="col-md-6">
(68)              <h4>LTG-BY-0001</h4>
(69)              <h5>
(70)                  <small>
(71)                      <del>NT$ 600</del>
(72)                  </small>
(73)                  NT$ 500
(74)              </h5>
(75)              <p>專利樣式雙色登山拐杖握把，EVA 發泡材質</p>
(76)              <div>
(77)                  <p>數量</p>
(78)                  <form action="">
(79)                      <input type="number" class="form-control"
      id="quantity" value="1">
(80)                  </form>
(81)              </div>
(82)              <div>
(83)                  <a href="cart.html">加入購物車</a>
(84)                  <a href="checkout.html">直接結帳</a>
(85)              </div>
```

```
(86)                    <p> 產品分類：<span> 握把、發泡 </span></p>
(87)            </div>
(88)            <!-- 商品介紹 /end -->
(89)            <!-- 詳細資料 /start -->
(90)            <div>

(91)

(92)            </div>
(93)            <!-- 詳細資料 /end -->
(94)        </div>
(95)    </div>
(96) <!-- 產品說明 /end -->
```

◇ 解說

62、67：建立 <div> 標籤並加入 `col-md-6` 類別進行內容佈局。

63：建立 <img> 標籤並連結 images 資料夾的 eva_1.jpg 圖片，以及設定 alt 屬性值為「LTG-BY-0001」。

68：建立 <h4> 標籤並輸入商品名稱。

69：建立 <h5> 標籤，使文字呈現較大效果。

70：建立 <small> 標籤使被包覆的文字呈現出略小的效果。

71：建立 <del> 標籤並輸入商品原價格，因為標籤屬性的關係使文字具有刪除線。

75：建立 <p> 標籤並輸入商品的簡述內容。

76、82：建立 <div> 標籤。

77：建立 <p> 標籤並輸入文字「數量」。

78：建立 <form> 標籤。

79：建立 <input> 標籤，所要加入的屬性與類別如下：

　　(1) `type`：number 類型。

　　(2) `form-control`：調整輸入框的樣式。

　　(3) `id`：quantity。

　　(4) `value`：輸入框中的預設值為 1。

83 ～ 84：建立 <a> 標籤，並輸入各自的連結文字與連結檔案。

86：建立 <p> 標籤並輸入分類的文字，當中在以 <span> 標籤來包覆分類項目。

90：建立 <div> 標籤。

21.2.2 輔助類別

此節會針對 HTML 中的特定標籤進行修改，改用 Bootstrap 所提供的輔助類別來完成頁面調整與美化的製作，此區塊所使用的輔助類別與解說如下：

1. 圖片寬度。

2. 不同區塊間的距離。

3. 文字顏色。

4. 區塊在不同斷點時的顯示與隱藏。

5. 按鈕樣式。

◇ HTML

```
(58)  <!-- 產品說明 /start -->
(59)  <div class="col-md-9">
(60)      <div class="row">
(61)          <!-- 商品照片 /start -->
(62)          <div class="col-md-6">
(63)              <img src="./images/product/eva_1.jpg" alt="LTG-BY-0001"
      class="img-fluid w-100">
```

```
(64)              </div>
(65)              <!-- 商品照片 /end -->
(66)              <!-- 商品介紹 /start -->
(67)              <div class="col-md-6">
(68)                   <h4 class="mb-3 title-color">LTG-BY-0001</h4>
(69)                   <h5 class="text-danger">
(70)                        <small class="text-secondary ms-2">
(71)                             <del>NT$ 600</del>
(72)                        </small>
(73)                        NT$ 500
(74)                   </h5>
(75)                   <p class="mt-4">專利樣式雙色登山拐杖握把，EVA 發泡材質 </p>
(76)                   <div class="d-block mb-3">
(77)                        <p class="mb-0 d-inline-block">數量 </p>
(78)                        <form action="" class="d-inline-block">
(79)                             <input type="number" class="form-control w-25"
      id="quantity" value="1">
(80)                        </form>
(81)                   </div>
(82)                   <div class="mb-3">
(83)                        <a href="cart.html" class="btn btn-primary text-
      white ms-1">加入購物車 </a>
(84)                        <a href="checkout.html" class="btn btn-secondary
      text-white">直接結帳 </a>
(85)                   </div>
(86)                   <p class="d-block text-secondary">產品分類：<span>握把、
      發泡 </span></p>
(87)              </div>
(88)              <!-- 商品介紹 /end -->
(96)         </div>
(97)    </div>
(98)    <!-- 產品說明 /end -->
```

◇ 解說

63：在 <img> 標籤中所要加入的類別如下：

(1) `img-fluid`：使圖片尺寸可依據父容器的寬度自動縮放以達到彈性圖片結果。

(2) `w-100`：將圖片寬度調整為 100%。

68：在 <h4> 標籤中所要加入的類別如下：

(1) `mb-3`：調整下方外距的距離。

(2) `title-color`：為自定義的類別，使文字顏色改為藍色。

69：在 \<h5\> 標籤中加入 `text-danger` 類別，將文字顏色改為紅色。

70：在 \<small\> 標籤中所要加入的類別如下：

(1) `text-secondary`：使文字顏色改為灰色。

(2) `ms-2`：調整右方外距的距離。

75：在 \<p\> 標籤中加入 `mt-4` 類別，以調整上方外距的距離。

76：在 \<div\> 標籤中所要加入的類別如下：

(1) `d-block`：改為 block 屬性。

(2) `mb-3`：調整下方外距的距離。

77：在 \<p\> 標籤中所要加入的類別如下：

(1) `mb-0`：調整下方外距的距離。

(2) `d-inline-block`：改為 inline-block 屬性。

78：在 \<form\> 標籤中加入 `d-inline-block` 類別，使區塊改為 inline-block 屬性。

79：在 \<input\> 標籤中加入 `w-25` 類別，將寬度調整為 25%。

82：在 \<div\> 標籤中加入 `mb-3` 類別，以調整向下外距的距離。

83：在 \<a\> 標籤中所要加入的類別如下：

(1) `btn`：套用 Bootstrap 的按鈕樣式。

(2) `btn-primary`：使按鈕變為藍色。

(3) `text-white`：將文字顏色改為白色。

(4) `ms-1`：調整右方外距的距離。

84：在 \<a\> 標籤中所要加入的類別如下：

(1) `btn`：套用 Bootstrap 的按鈕樣式。

(2) `btn-secondary`：使按鈕變為灰色。

(3) `text-white`：將文字顏色改為白色。

86：在 \<p\> 標籤中所要加入的類別如下：

(1) `d-block`：改為 block 屬性。

(2) `text-secondary`：將文字顏色改為灰色。

21.3 商品描述

21.3.1 內容建置

在上述的商品介紹區塊中，主要是以列出商品價格與簡短說明為主，而此節的商品描述區塊，是要呈現出更多的商品資訊，如規格、使用方式或退換貨說明等，此區塊的 HTML 內容建置與解說如下：

1. 使用 Tabs（頁籤）元件進行建置。

◇ HTML

```
(89)  <!-- 詳細資料 /start -->
(90)  <div>
(91)      <ul class="nav nav-tabs" id="ProductTab">
(92)          <li class="nav-item">
(93)              <a class="nav-link active" data-bs-toggle="tab"
      href="#description">描述 </a>
(94)          </li>
(95)          <li class="nav-item">
(96)              <a class="nav-link" data-bs-toggle="tab" href=
      "#specification">產品規格 </a>
(97)          </li>
(98)      </ul>
```

```
(99)        <div class="tab-content" id="ProductTabContent">
(100)           <div class="tab-pane fade show active" id="description">
(101)              <p>專利樣式雙色 EVA 發泡套管 </p>
(102)           </div>
(103)           <div class="tab-pane fade" id="specification">
(104)              <p>16mm/18mm</p>
(105)           </div>
(106)        </div>
(107) </div>
(108) <!-- 詳細資料 /end -->
```

◇ 解說

91：建立 <ul> 標籤中所要加入的類別與屬性如下：

(1) nav：清除 <ul> 標籤的預設樣式。

(2) nav-tabs：增加下方邊框樣式。

(3) id：屬性值為「ProductTab」。

92、95：建立 <li> 標籤並加入 nav-item 類別，以調整向下外距的距離。

93：建立 <a> 標籤，所要加入的類別與屬性如下：

(1) nav-link：定義 tab 標籤的基礎樣式。

(2) active：作為 tab 標籤的起始值。並調整與新增 nav-link 類別中的相關樣式，如文字顏色、背景顏色與邊框顏色。

(3) data-bs-toggle="tab"：此屬性為宣告要使用 tab 效果。

(4) href="#description"：要連結的頁籤內容，內容名稱為「#description」，且需與第 100 行中的 id 值相同。

96：建立 <a> 標籤中所要加入的類別與屬性如下：

(1) nav-link：定義 tab 標籤的基礎樣式。

(2) data-bs-toggle="tab"：此屬性為宣告要使用 tab 效果。

(3) href="#specification"：要連結的頁籤內容，內容名稱為「#specification」。且需與第 103 行中的 id 值相同。

99：建立 <div> 標籤中所要加入的類別與屬性如下：

(1) tab-content：此類別無任何樣式，但與底下的 active 與 tab-pane 兩類別為「子選擇器」關係。

(2) id：屬性值為「ProductTabContent」。

100：在 <div> 標籤中所要加入的類別與屬性如下：

(1) tab-pane：將內容隱藏。

(2) fade：屬性有透明度為 0 與透明度動畫。

(3) show：與 fabe 類別為「後代選擇器」關係，可以將透明度改為 1。

(4) active：將內容改為 block 屬性，藉此顯示內容。

(5) id：值為「description」，且需與第 93 行的 href 屬性值相同。

101、104：建立 <p> 標籤並輸入相關說明內容。

103：在 <div> 標籤中所要加入的類別與屬性如下：

(1) tab-pane：將內容隱藏。

(2) fade：屬性有透明度為 0 與透明度動畫。

(3) id：值為「specification」，且需與第 96 行的 href 屬性值相同。

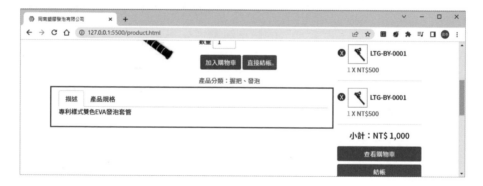

21.3.2 輔助類別

此節會針對 HTML 中的特定標籤進行修改，改用 Bootstrap 所提供的輔助類別來完成頁面調整與美化的製作，此區塊所使用的輔助類別與解說如下：

1. 不同區塊間的距離。

◇ HTML

```
(89)  <!-- 詳細資料 /start -->
(90)  <div class="mt-5 mb-5">
(91)      <ul class="nav nav-tabs" id="ProductTab">
(92)              網頁內容－省略
(100)         <div class="tab-pane fade show active" id="description">
(101)             <p class="p-2">專利樣式雙色 EVA 發泡套管 </p>
(102)         </div>
(103)         <div class="tab-pane fade" id="specification">
(104)             <p class="p-2">16mm/18mm</p>
(105)         </div>
(106)     </div>
(107) </div>
(108) <!-- 詳細資料 /end -->
```

◇ 解說

90：在 <div> 標籤中所要加入的類別如下：

    (1) mt-5：調整上方外距的距離。

    (2) mb-5：調整下方外距的距離。

101、104：在 <p> 標籤中加入 p-2 類別以調整四個方向內距的距離。

Note

CHAPTER

22

企業型購物網站
─購物車

22.1 實作概述

購物車頁面是列出所購買的商品內容，與側邊欄中的購物清單同樣意思。每個欄位都會有商品刪除、商品圖片、商品名稱、購買數量、單價與總計等內容，藉此讓消費者瞭解自己所購買的商品狀況，搭配價格加總後的表格，讓消費者知道所購買的全部金額。

除此之外，頁面中也會列出消費者可能感興趣的商品，促使消費者有機會再多添購其他商品。

◇ 學習重點

➤ 網格佈局。

➤ CSS：Typography（文字排版）、Utilities（輔助類別）、Table（表格）。

➤ 元件：Card（卡片）、Button（按鈕）。

➤ 互動：Tooltips（工具提示）。

◇ 練習與成果檔案

➤ HTML 練習檔案：company website / Practice / cart.html

➤ CSS 練習檔案：company website / Practice / css / style.css

➤ 成果檔案：company website / Final / cart.html

➤ 教學影片：video/ch22.mp4

22.2 購物車清單

22.2.1 內容建置

購物車清單區塊的設計為列出所購買的商品，且需具有再次調整商品之功能，如刪除商品、調整商品數量與前往商品介紹頁面等，此區塊的 HTML 內容建置與解說如下：

1. 使用 Table（表格）進行建置。

2. 使用 Tooltips（工具提示）。

3. 表格樣式。

◇ HTML

```
(58)    <!-- 產品清單 /start -->
(59)    <div>
(60)        <h2> 購物車 </h2>
(61)        <div class="table-responsive-sm">
(62)            <table class="table table-bordered">
(63)                <thead>
(64)                    <tr>
(65)                        <th scope="col"> </th>
(66)                        <th scope="col"> 圖片 </th>
(67)                        <th scope="col"> 名稱 </th>
(68)                        <th scope="col"> 價格 </th>
(69)                        <th scope="col"> 數量 </th>
(70)                        <th scope="col"> 總計 </th>
(71)                    </tr>
(72)                </thead>
```

```
(73)                    <tbody>
(74)                        <tr>
(75)                            <td>
(76)                                <a data-bs-toggle="tooltip" data-bs-
     placement="top" title=" 移除此商品 ">X</a>
(77)                            </td>
(78)                            <td>
(79)                                <a href="product.html">
(80)                                    <img src="./images/product/eva_1.jpg"
     alt="LTG-BY-0001">
(81)                                </a>
(82)                            </td>
(83)                            <td>
(84)                                <a href="product.html">LTG-BY-0001</a>
(85)                            </td>
(86)                            <td>NT$ 500</td>
(87)                            <td>
(88)                                <input type="number" value="1">
(89)                            </td>
(90)                            <td>NT$ 500</td>
(91)                        </tr>
(92)                    </tbody>
(93)                </table>
(94)            </div>
(95)        </div>
(96)        <!-- 產品清單 /end -->
```

◇ 解說

59：建立 <div> 標籤。

60：建立 <h2> 標籤並輸入標題文字，使文字呈現較大效果。

61：建立 <div> 標籤並加入 `table-responsive-sm` 類別，使表格在小於 576px 尺寸時具有響應式的效果。

62：建立 <table> 標籤所要加入的類別的如下：

  (1) `table`：套用 Bootstrap 的表格樣式。

  (2) `table-bordered`：使表格具有邊框樣式。

63：建立 <thead> 標籤，作為表格的頁首區塊。

64、74：建立 <tr> 標籤。

65 ～ 70：建立 <th> 標籤並輸入各自欄位的標題文字，其標籤的屬性可調整下方邊框與文字粗細等樣式。

73：建立 <tbody> 標籤，作為表格的內容區塊。

75、78、83、86、87、90：建立 <td> 標籤，其標籤的屬性可調整下方邊框等樣式。

76：建立 <a> 標籤來做為 tooltip 的觸發效果，並輸入「X」符號。在 <a> 標籤所要加入的 tooltip 屬性如下：

　　(1) `data-bs-toggle="tooltip"`：宣告要使用 tooltip 效果。

　　(2) `data-bs-placement="top"`：彈出訊息的方向為上方。

　　(3) `title="` 是否確定要移除 `"`：彈出的訊息。

79：建立 <a> 標籤，在 href 屬性中建立連結檔案「product.html」，並包覆商品圖片作為連結。

80：建立 <img> 標籤並連結 images 資料夾的 eva_1.jpg 圖片，以及設定 alt 屬性值為「LTG-BY-0001」。

84：建立 <a> 標籤並在 href 屬性中建立連結檔案「product.html」以及將商品名稱作為連結文字。

86：建立 <td> 標籤並輸入商品價格。

88：建立 <input> 標籤，所要加入的屬性如下：

　　(1) `type`：number 類型。

　　(2) `value`：輸入框中的預設值為 1。

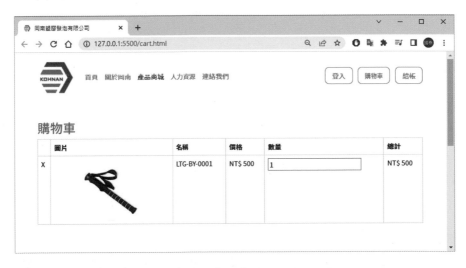

22.2.2 輔助類別

此節會針對 HTML 中的特定標籤進行修改，改用 Bootstrap 所提供的輔助類別來完成頁面調整與美化的製作，此區塊所使用的輔助類別與解說如下：

1. 不同區塊間的距離。

2. 表格標題的背景顏色。

3. 文字顏色。

◈ HTML

```
(58)    <!-- 產品清單 /start -->
(59)    <div class="mb-3">
(60)        <h2 class="mb-3">購物車</h2>
(61)        <div class="table-responsive-sm">
(62)            <table class="table table-bordered align-middle">
(63)                <thead class="table-dark fs-5">
(64)                    <tr>
(65)                        網頁內容－省略
(71)                    </tr>
(72)                </thead>
(73)                <tbody>
(74)                    <tr>
(75)                        <td>
(76)                            <a data-bs-toggle="tooltip" data-bs-
        placement="top" title="移除此商品" class="remove text-white">X</a>
(77)                        </td>
(78)                        <td>
(79)                            <a href="product.html">
(80)                                <img src="./images/product/eva_1.jpg"
        alt="LTG-BY-0001" class="img-fluid">
(81)                            </a>
(82)                        </td>
(83)                        網頁內容－省略
(94)        </div>
(95)    </div>
(96)    <!-- 產品清單 /end -->
```

◈ 解說

59：在 <div> 標籤中加入 mb-3 類別，以調整下方外距的距離。

60：在 \<h2\> 標籤中加入 `mb-3` 類別，以調整下方外距的距離。

62：在 \<table\> 標籤中加入 `align-middle` 類別，使表格下的內容。

63：在 \<thead\> 標籤中所要加入的類別如下：

    (1) `thead-dark`：使整個頁首背景改為黑色，文字為白色。

    (2) `fs-5`：調整文字尺寸。

76：在 \<a\> 標籤中所要加入的類別如下：

    (1) `remove`：為自定義的類別，使「X」文字套用移除的樣式。

    (2) `text-white`：使文字顏色改為白色。

80：在 \<img\> 標籤中加入 `img-fluid` 類別，使圖片尺寸可依據父容器的寬度自動縮放，以達到彈性圖片結果。

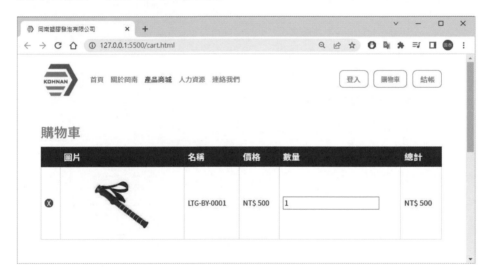

22.2.3 定義 CSS 樣式

依據設計稿結果，每列的儲存格寬度都具有一定的百分比，並非是由內容去改變儲存格寬度，在 style.css 文件中根據每個儲存格的用途而建相關選擇器，有 `.product-remove`（刪除商品）、`.product-thumbnail`（商品圖片）、`.product-name`（商品名稱）、`.product-price`（商品價格）、`.product-quantity`（商品數量）、`.product-subtotal`（總計），屬性樣式建置重點如下：

1. 每欄位的寬度。

2. 小於 768px 斷點時，商品圖片需隱藏。

3. 小於 768px 斷點時，商品數量的輸入框寬度改為 100%。

◈ CSS

```
.product-remove{
    width: 5%; /* 寬度 */
}
.product-thumbnail{
    width: 15%; /* 寬度 */
}
.product-name{
    width: 35%; /* 寬度 */
}
.product-price, .product-quantity, .product-subtotal{
    width: 15%; /* 寬度 */
}
.product-quantity input{
    width: 50%; /* 寬度 */
}
@media screen and (max-width: 768px){
    .product-thumbnail{
        display: none; /* 將區塊隱藏 */
    }
    .product-quantity input{
        width: 100%; /* 寬度 */
    }
}
```

建置完樣式後，於 HTML 的指定位置，依序加入所自定義的類別，加入結果
如下：

◈ HTML

```
(58)  <!-- 產品清單 /start -->
(59)  <div class="mb-3">
(60)      <h2 class="mb-3"> 購物車 </h2>
(61)      <div class="table-responsive-sm">
(62)          <table class="table table-bordered align-middle">
(63)              <thead class="table-dark fs-5">
```

```
(64)                    <tr>
(65)                        <th scope="col" class="product-remove"> 
    </th>
(66)                        <th scope="col" class="product-thumbnail"> 圖片
    </th>
(67)                        <th scope="col" class="product-name"> 名稱 </th>
(68)                        <th scope="col" class="product-price"> 價格 </th>
(69)                        <th scope="col" class="product-quantity"> 數量
    </th>
(70)                        <th scope="col" class="product-subtotal"> 總計
    </th>
(71)                    </tr>
(72)                </thead>
(73)                <tbody>
(74)                    <tr>
(75)                        <td class="product-remove">
(76)                            <a class="remove text-white" data-bs-
    toggle="tooltip" data-bs-placement="top" title=" 移除此商品 ">X</a>
(77)                        </td>
(78)                        <td class="product-thumbnail">
(79)                            <a href="product.html">
(80)                                <img src="./images/product/eva_1.jpg"
    alt="LTG-BY-0001" class="img-fluid">
(81)                            </a>
(82)                        </td>
(83)                        <td class="product-name">
(84)                            <a href="product.html">LTG-BY-0001</a>
(85)                        </td>
(86)                        <td class="product-price">NT$ 500</td>
(87)                        <td class="product-quantity">
(88)                            <input type="number" value="1">
(89)                        </td>
(90)                        <td class="product-subtotal">NT$ 500</td>
(91)                    </tr>
(92)                </tbody>
(93)            </table>
(94)        </div>
(95)    </div>
(96) <!-- 產品清單 /end -->
```

複製第 74 行至第 91 行的內容，並於新的一行貼上兩次，使購物車具有三筆商品資訊。

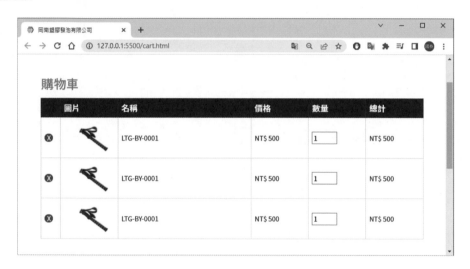

22.3 感興趣商品

22.3.1 內容建置

感興趣商品區塊的用意是為了提供其他商品的曝光，使消費者有再次添購商品的可能性。此區塊的 HTML 內容建置與解說如下：

1. 網格佈局，以 768px 作為斷點，大於時各自佔用 6 格欄位；小於時則隱藏欄位。

2. 感興趣商品之網格佈局，在兩組卡片元件的佈局上，無論在任何尺寸中，內容均佔用 6 格欄位。

3. 使用 Card（卡片）元件進行建置。

◇ HTML

```
(133) <!-- 感興趣產品 /start -->
(134) <div class="col-md-6 d-none d-md-block">
(135)     <h2>您可能對此有興趣 ...</h2>
(136)     <div class="row">
(137)         <div class="col-6">
(138)             <div class="card">
(139)                 <img class="card-img-top" src="./images/product/
    eva_2.jpg" alt="TG-B-0001">
(140)                 <div class="card-body">
(141)                     <h4 class="card-title">TG-B-0001</h4>
(142)                     <p class="card-text">登山拐杖握把，EVA 發泡材質</p>
(143)                     <h5 class="card-text">NT$ 500</h5>
(144)                     <div class="d-grid gap-2">
(145)                         <a href="product.html">查看商品</a>
(146)                         <a href="cart.html">加入購物車</a>
(147)                     </div>
(148)                 </div>
(149)             </div>
(150)         </div>
(151)         <div class="col-6">
(152)             <div class="card">
(153)                 <img class="card-img-top" src="./images/product/
    eva_2.jpg" alt="TG-B-0001">
(154)                 <div class="card-body">
(155)                     <h4 class="card-title">TG-B-0001</h4>
(156)                     <p class="card-text">登山拐杖握把，EVA 發泡材質</p>
(157)                     <h5 class="card-text">NT$ 500</h5>
(158)                     <div class="d-grid gap-2">
(159)                         <a href="product.html">查看商品</a>
(160)                         <a href="cart.html">加入購物車</a>
(161)                     </div>
(162)                 </div>
(163)             </div>
(164)         </div>
(165)     </div>
(166) </div>
(167) <!-- 感興趣產品 /end -->
```

◇ 解說

134：建立 <div> 標籤，所要加入的類別如下：

(1) d-none：隱藏此區域內容。

(2) col-md-6：進行內容佈局。

(3) d-md-block：當尺寸大於 768px 時，該區塊為 block 屬性，藉此顯示內容。

135：建立 <h2> 標籤並輸入標題文字。

136：建立 <div> 標籤並加入 row 類別以建立水平群組列。

137、151：建立 <div> 標籤並加入 col-6 類別進行內容佈局。

138、152：建立 <div> 標籤並加入 card 類別。接續則使用卡片元件的結構與類別來進行內容建置。

139、153：建立 <img> 標籤並連結 images > product 資料夾的 eva_2.jpg 圖片，與設定 alt 屬性值「TG-B-0001」，並加入 card-img-top 類別將圖片置於卡片的頂部，以調整圖片左上與右上的圓角屬性。

140、154：建立 <div> 標籤並加入 card-body 類別，使內容與邊緣保有一定的距離。

141、155：建立 <h4> 標籤並加入 card-title 類別，使文字呈現較大效果外，因為 card-title 的屬性樣式得以與底下內容保有一定距離。

142、156：建立 <p> 標籤並加入 card-text 類別來包覆說明內容。

143、157：建立 <h5> 標籤並加入 card-text 類別來包覆價格文字，同時文字也呈現較大效果。

144、158：在 <div> 標籤中加入 d-grid 與 gap-2 兩類別，分別建立格線容器並調整其間隙。

145、159：建立 <a> 標籤，在 href 屬性中建立連結網址「product.html」。

146、160：建立 <a> 標籤，在 href 屬性中建立連結網址「cart.html」。

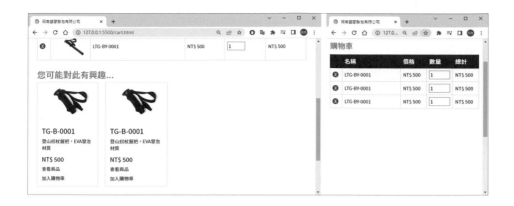

22.3.2 輔助類別

此節會針對 HTML 中的特定標籤進行修改，改用 Bootstrap 所提供的輔助類別
來完成頁面調整與美化的製作，此區塊所使用的輔助類別與解說如下：

1. 不同區塊間的距離。

2. 文字顏色。

3. 按鈕樣式。

◇ HTML 程式碼

```
(133) <!-- 感興趣產品 /start -->
(134) <div class="col-md-6 d-none d-md-block mb-5">
(135)     <h2> 您可能對此有興趣 ...</h2>
(136)     <div class="row">
(137)         <div class="col-6 mb-3">
(138)             <div class="card">
(139)                 <img class="card-img-top" src="./images/product/
    eva_2.jpg" alt="TG-B-0001">
(140)                 <div class="card-body">
(141)                     <h4 class="card-title">TG-B-0001</h4>
(142)                     <p class="card-text"> 登山拐杖握把，EVA 發泡材質 </p>
(143)                     <h5 class="card-text text-danger">NT$ 500
    </h5>
(144)                     <div class="d-grid gap-2">
(145)                         <a href="product.html" class="btn btn-
    outline-secondary"> 查看商品 </a>
```

```
(146)                          <a href="cart.html" class="btn btn-outline-
    primary"> 加入購物車 </a>
(147)                        </div>
(148)                      </div>
(149)                  </div>
(150)              </div>
(151)          <div class="col-6 mb-3">
(152)              <div class="card">
(153)                  <img class="card-img-top" src="./images/product/
    eva_2.jpg" alt="TG-B-0001">
(154)                  <div class="card-body">
(155)                      <h4 class="card-title">TG-B-0001</h4>
(156)                      <p class="card-text"> 登山拐杖握把，EVA 發泡材質 </p>
(157)                      <h5 class="card-text text-danger">
    NT$ 500</h5>
(158)                      <div class="d-grid gap-2">
(159)                          <a href="product.html" class="btn btn-
    outline-secondary"> 查看商品 </a>
(160)                          <a href="cart.html" class="btn btn-outline-
    primary"> 加入購物車 </a>
(161)                      </div>
(162)                  </div>
(163)              </div>
(164)          </div>
(165)      </div>
(166) </div>
(167) <!-- 感興趣產品 /end -->
```

◇ 解說

134：在 <div> 標籤中加入 mb-5 類別，以調整下方外距的距離。

137、151：在 <div> 標籤中加入 mb-3 類別，以調整下方外距的距離。

143、157：在 <h5> 標籤中加入 text-danger 類別，使文字顏色改為紅色。

145、159：在 <a> 標籤中所要加入的類別如下：

    (1) btn：套用 Bootstrap 的按鈕樣式。

    (2) btn-outline-secondary：使按鈕變為灰色外框。

146、160：在 <a> 標籤中所要加入的類別如下：

    (1) btn：套用 Bootstrap 的按鈕樣式。

(2) `btn-outline-primary`：使按鈕變為藍色外框。

22.4 購物車統計

22.4.1 內容建置

購物車統計區塊的設計會以表格進行排版，以顯示商品總金額內容，此區塊的 HTML 內容建置與解說如下：

1. 網格佈局，以 768px 作為斷點，大於時各自佔用 6 格欄位；小於時則佔用 12 格欄位。

2. 使用 Table（表格）進行建置。

3. 表格樣式。

◈ HTML

```
(168) <!-- 產品統計 /start -->
(169) <div class="col-md-6">
(170)     <h2> 購物車總計 </h2>
(171)     <div class="table-responsive-sm">
```

```
(172)            <table class="table table-bordered">
(173)                <tbody>
(174)                    <tr>
(175)                        <td>小計</td>
(176)                        <td>NT$ 1500</td>
(177)                    </tr>
(178)                    <tr>
(179)                        <td>總計</td>
(180)                        <td>NT$ 1500</td>
(181)                    </tr>
(182)                </tbody>
(183)                <tfoot>
(184)                    <tr>
(185)                        <td colspan="2">
(186)                            <a href="checkout.html">前往結帳</a>
(187)                        </td>
(188)                    </tr>
(189)                </tfoot>
(190)            </table>
(191)        </div>
(192) </div>
(193) <!-- 產品統計 /end -->
```

◇ 解說

169：建立 <div> 標籤並加入 col-md-6 類別進行內容佈局。

170：建立 <h2> 標籤並輸入標題文字。

171：建立 <div> 標籤並加入 table-responsive-sm 類別，使表格在小於 576px 尺寸時具有響應式的效果。

172：建立 <table> 標籤所要加入的類別的如下：

(1) table：套用 Bootstrap 的表格樣式。

(2) table-bordered：使表格具有邊框樣式。

173：建立 <tbody> 標籤，作為表格的內容區塊。

174、178、184：建立 <tr> 標籤。

175：建立 <td> 標籤並輸入文字「小計」。

176：建立 <td> 標籤並輸入商品價格。

179：建立 <td> 標籤並輸入文字「總計」。

180：建立 <td> 標籤並輸入商品總計價格。

183：建立 <tfoot> 標籤，作為表格的頁腳區塊。

185：建立 <td> 標籤，並加入 `colspan` 屬性，且屬性值為「2」，藉此合併兩個儲存格。

186：建立 <a> 標籤，在 href 屬性中建立連結網址「checkout.html」，以及連結文字「前往結帳」。

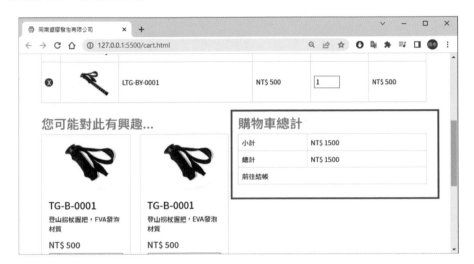

22.4.2 輔助類別

此節會針對 HTML 中的特定標籤進行修改，改用 Bootstrap 所提供的輔助類別來完成頁面調整與美化的製作，此區塊所使用的輔助類別與解說如下：

1. 不同區塊間的距離。

2. 背景顏色。

3. 按鈕樣式。

◇ HTML

```
(168) <!-- 產品統計 /start -->
(169) <div class="col-md-6 mb-5">
(170)     <h2>購物車總計</h2>
(171)     <div class="table-responsive-sm">
```

```
(172)          <table class="table table-bordered">
(173)          <tbody>
(174)             <tr>
(175)                <td> 小計 </td>
(176)                <td>NT$ 1500</td>
(177)             </tr>
(178)             <tr class="bg-info">
(179)                <td> 總計 </td>
(180)                <td>NT$ 1500</td>
(181)             </tr>
(182)          </tbody>
(183)          <tfoot>
(184)             <tr>
(185)                <td colspan="2">
(186)                   <a href="checkout.html" class="btn btn-
        outline-info btn-lg float-end">前往結帳 </a>
(187)                </td>
(188)             </tr>
(189)          </tfoot>
(190)       </table>
(191)    </div>
(192) </div>
(193) <!-- 產品統計 /end -->
```

◇ 解說

169：在 <div> 標籤中加入 mb-5 類別，以調整下方外距的距離。

178：在 <tr> 標籤中加入 bg-info 類別，使整行的背景顏色改為藍綠色。

186：在 <a> 標籤中所要加入的類別如下：

(1) btn：套用 Bootstrap 的按鈕樣式。

(2) btn-outline-info：使按鈕變為藍綠色外框。

(3) btn-lg：使按鈕尺寸變大。

(4) float-end：使按鈕改為靠右對齊。

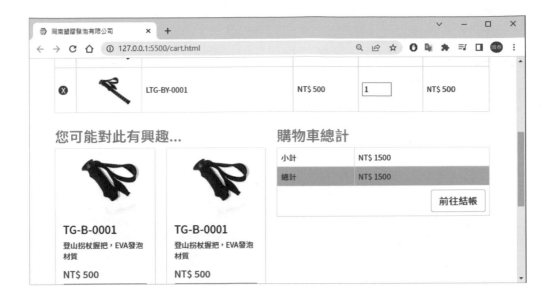

Note

企業型購物網站
一結帳

23.1 實作概述

當確認購物車中的商品與價格無誤後,則會前往最後的結帳頁面。在結帳頁面中會先判斷消費者是否已登入,帳單資訊或運送方式等動作或欄位是否都已填寫完畢,若不符合條件時則會透過 Alert 來告知消費者哪些動作未完成。

在結帳頁面中的主要動作是填寫帳單資訊也就是寄送的資料,以及在訂單中需選擇運送方式,當然不同的運送方式均會改變最終的付款金額。透過上述這些動作才可完成購買的動作。

◇ 學習重點

➤ 網格佈局。

➤ CSS:Typography(文字排版)、Utilities(輔助類別)。

➤ 元件:Form(表單)。

➤ 互動:Alerts(警告)。

◈ 練習與成果檔案

➤ HTML 練習檔案：company website / Practice / checkout.html

➤ CSS 練習檔案：company website / Practice / css / style.css

➤ 成果檔案：company website / Final / checkout.html

➤ 教學影片：video/ch23.mp4

 ## 23.2 結帳訊息

23.2.1 內容建置

結帳訊息區塊的設計是以提示訊息為主，依照當下不同的情形給與適當的訊息回饋，此區塊的 HTML 內容建置與解說如下：

1. 使用 Alerts（警告）進行建置。

◈ HTML

```
(58)  <!-- 結帳訊息 /start -->
(59)  <div>
(60)      <h2>結帳</h2>
(61)      <p>Thank you! 感謝你的訂購！</p>
(62)          <div class="alert alert-danger alert-dismissible fade show">
(63)              您目前尚未登入，請點擊<a href="login.html" class="alert-link">
      【連結】</a>進行登入。
(64)              <button type="button" class="btn-close" data-bs-
      dismiss="alert"></button>
(65)          </div>
(66)  </div>
(67)  <!-- 結帳訊息 /end -->
```

◈ 解說

59：建立 <div> 標籤。

60：建立 <h2> 標籤並輸入標題文字「結帳」。

61：建立 <p> 標籤並輸入完成訂購文字。

62：建立 <div> 標籤，所要加入的類別與屬性如下：

(1) `alert`：套用 alert 的基礎樣式。

(2) `alert-danger`：其屬性負責調整文字、背景、邊框三種屬性的顏色。

(3) `alert-dismissible`：其屬性將調整右方內距的距離。

(4) `fade`：屬性有透明度為 0 與透明度動畫。

(5) `show`：與 `fabe` 類別為「後代選擇器」關係，可以將透明度改為 1。

63：alert 文字，當中利用 <a> 標籤來作為登入的連結，並加入 `alert-link` 類別。

64：建立 <button> 標籤，所要加入的類別與屬性如下：

(1) `type`：button 類型。

(2) `btn-close`：使按鈕顯示出「X」的樣式。

(3) `data-bs-dismiss="alert"`：此屬性為當點擊按鈕後會關閉互動視窗。

23.2.2 輔助類別

此節會針對 HTML 中的特定標籤進行修改，改用 Bootstrap 所提供的輔助類別來完成頁面調整與美化的製作，此區塊所使用的輔助類別與解說如下：

1. 不同區塊間的距離。

◇ HTML

```
(58)  <!-- 結帳訊息 /start -->
(59)  <div class="mb-3">
(60)      <h2> 結帳 </h2>
(61)      網頁內容－省略
(66)  </div>
(67)  <!-- 結帳訊息 /end -->
```

◇ 解說

59：在 `<div>` 標籤中加入 `mb-3` 類別，以調整下方外距的距離。

23.3 帳單資訊

23.3.1 內容建置

帳單資訊區塊的設計為要消費者填寫寄送的地址，此區塊的 HTML 內容建置與解說如下：

1. 網格佈局，以 768px 作為斷點，大於時各自佔用 6 格欄位；小於時則佔用 12 格欄位。

2. 使用 Form（表單）元件進行建置。

◇ HTML

```
(68)  <!-- 帳單資訊 /start -->
(69)  <div class="col-md-6">
(70)      <h2> 帳單資訊 </h2>
(71)      <form action="">
(72)          <div class="row">
(73)              <div class="col">
(74)                  <label for="LastName"> 姓氏
(75)                      <span>*</span>
(76)                  </label>
(77)                  <input type="text" class="form-control"
    id="LastName" required placeholder=" 必填，例如：葉 ">
(78)              </div>
(79)              <div class="col">
```

```
(80)                    <label for="FirstName"> 名字
(81)                         <span>*</span>
(82)                    </label>
(83)                    <input type="text" class="form-control"
    id="FirstName" required placeholder=" 必填：例如：大雄 ">
(84)               </div>
(85)          </div>
(86)          <div class="row">
(87)               <div class="col">
(88)                    <label for="tel"> 連絡電話
(89)                         <span>*</span>
(90)                    </label>
(91)                    <input type="number" class="form-control" id="tel"
    required placeholder=" 必填，例如：0912-345-678">
(92)               </div>
(93)               <div class="col">
(94)                    <label for="EMail"> 電子信箱
(95)                         <span>*</span>
(96)                    </label>
(97)                    <input type="email" class="form-control" id="EMail"
    required placeholder=" 必填，電子信箱 ">
(98)               </div>
(99)          </div>
(100)         <div>
(101)              <label for="Address"> 地址
(102)                   <span>*</span>
(103)              </label>
(104)              <input type="text" class="form-control" id="Address"
    required placeholder=" 必填，縣 / 市 - 區 / 鄉 / 鎮 - 路 / 街 - 號 / 樓 ">
(105)         </div>
(106)     </form>
(107) </div>
(108) <!-- 帳單資訊 /end -->
```

◇ 解說

69：建立 <div> 標籤並加入 col-md-6 類別進行內容佈局。

70：建立 <h2> 標籤並輸入標題文字「帳單資訊」。

71：建立 <form> 標籤。

72、86：建立 <div> 標籤並加入 row 類別。

73、79、87、93：建立 <div> 標籤並加入 col 類別。

74、80、88、94、101：建立 <label> 標籤，並建置用來表示輸入框的相關文字，依序為「姓氏」、「名字」、「連絡電話」、「電子信箱」與「地址」。

75、81、89、95、102：建立 <span> 標籤並輸入「*」符號。

77：建立 <input> 標籤，所要加入的屬性與類別如下：

    (1) `type`：text 類型。

    (2) `form-control`：調整輸入框的樣式。

    (3) `id`：值為「LastName」。

    (4) `required`：表示此欄位為必填狀態。

    (5) `placeholder`：輸入框中的提示文字為「必填，例如：葉」。

83：建立 <input> 標籤，所要加入的屬性與類別如下：

    (1) `type`：text 類型。

    (2) `form-control`：調整輸入框的樣式。

    (3) `id`：值為「FirstName」。

    (4) `required`：表示此欄位為必填狀態。

    (5) `placeholder`：輸入框中的提示文字為「必填，例如：大雄」。

91：建立 <input> 標籤，所要加入的屬性與類別如下：

    (1) `type`：number 類型。

    (2) `form-control`：調整輸入框的樣式。

    (3) `id`：值為「tel」。

    (4) `required`：表示此欄位為必填狀態。

    (5) `placeholder`：輸入框中的提示文字為「必填，例如：0912-345-678」。

97：建立 <input> 標籤，所要加入的屬性與類別如下：

    (1) `type`：email 類型。

    (2) `form-control`：調整輸入框的樣式。

    (3) `id`：值為「EMail」。

    (4) `required`：表示此欄位為必填狀態。

(5) placeholder：輸入框中的提示文字為「必填，電子信箱」。

100：：建立 <div> 標籤。

104：建立 <input> 標籤，所要加入的屬性與類別如下：

(1) type：text 類型。

(2) form-control：調整輸入框的樣式。

(3) id：值為「Address」。

(4) required：表示此欄位為必填狀態。

(5) placeholder：輸入框中的提示文字為「必填，縣 / 市 - 區 / 鄉 / 鎮 -路 / 街 - 號 / 樓」。

23.2.2 輔助類別

此節會針對 HTML 中的特定標籤進行修改，改用 Bootstrap 所提供的輔助類別來完成頁面調整與美化的製作，此區塊所使用的輔助類別與解說如下：

1. 不同區塊間的距離。

2. 文字顏色。

◇ HTML

```
(68)    <!-- 帳單資訊/start -->
(69)    <div class="col-md-6 mb-3">
(70)        <h2>帳單資訊</h2>
(71)        <form action="">
(72)            <div class="row mb-3">
(73)                <div class="col">
(74)                    <label for="LastName">姓氏
(75)                        <span class="text-danger">*</span>
(76)                    </label>
(77)                    <input type="text" class="form-control" id=
    "LastName" required placeholder="必填，例如：葉">
(78)                </div>
(79)                <div class="col">
(80)                    <label for="FirstName">名字
(81)                        <span class="text-danger">*</span>
(82)                    </label>
(83)                    <input type="text" class="form-control" id=
    "FirstName" required placeholder="必填：例如：大雄">
(84)                </div>
(85)            </div>
(86)            <div class="row mb-3">
(87)                <div class="col">
(88)                    <label for="tel">連絡電話
(89)                        <span class="text-danger">*</span>
(90)                    </label>
(91)                    <input type="number" class="form-control" id="tel"
    required placeholder="必填，例如：0912-345-678">
(92)                </div>
(93)                <div class="col">
(94)                    <label for="EMail">電子信箱
(95)                        <span class="text-danger">*</span>
(96)                    </label>
(97)                    <input type="email" class="form-control" id="EMail"
    required placeholder="必填，電子信箱">
(98)                </div>
(99)            </div>
(100)           <div class="mb-3">
(101)               <label for="Address">地址
(102)                   <span class="text-danger">*</span>
(103)               </label>
(104)               <input type="text" class="form-control" id="Address"
    required placeholder="必填，縣/市-區/鄉/鎮-路/街-號/樓">
```

```
(105)            </div>
(106)       </form>
(107) </div>
(108) <!-- 帳單資訊 /end -->
```

◈ 解說

69、72、86、100：在 <div> 標籤中加入 mb-3 類別，以調整下方外距的距離。

75、81、89、95、102：在 <span> 標籤中加入 text-danger 類別，使文字顏色改為紅色。

<div style="text-align: center">

23.4 結帳訂單

23.4.1 內容建置

結帳訂單區塊的設計為最後的付款價格統計。當中有項需求為消費者可依平台所提供的配送方式進行選擇，當然不同的配送方式也會影響最後付款價格，此區塊的 HTML 內容建置與解說如下：

1. 網格佈局，以 768px 作為斷點，大於時各自佔用 6 格欄位；小於時則佔用 12 格欄位。

2. 使用 radio（單選）進行配送方式的建置。

◇ HTML

```
(109) <!-- 您的訂單 /start -->
(110) <div class="col-md-6">
(111)     <h2> 您的訂單 </h2>
(112)     <div class="table-responsive-sm">
(113)         <table class="table table-bordered table-striped">
(114)             <tbody>
(115)                 <tr>
(116)                     <td> 商品 </td>
(117)                     <td> 總計 </td>
(118)                 </tr>
(119)                 <tr>
(120)                     <td>TUM-CL-B-0001</td>
(121)                     <td>NT$ 500</td>
(122)                 </tr>
(123)                 <tr>
(124)                     <td>TUM-CL-B-0001</td>
(125)                     <td>NT$ 500</td>
(126)                 </tr>
(127)                 <tr>
(128)                     <td>TUM-CL-B-0001</td>
(129)                     <td>NT$ 500</td>
(130)                 </tr>
(131)                 <tr>
(132)                     <td> 小計 </td>
(133)                     <td>NT$ 1,500</td>
(134)                 </tr>
(135)                 <tr>
(136)                     <td> 運送方式 </td>
(137)                     <td>
(138)                         <div class="form-check">
(139)                             <input id="Expenses" name="tran-expenses" type="radio" class="form-check-input">
(140)                             <label class="form-check-label"> 免運費 0 </label>
(141)                         </div>
(142)                         <div class="form-check checkbox">
(143)                             <input id="PostOffice" name="tran-expenses" type="radio" class="form-check-input" checked>
(144)                             <label class="form-check-label"> 郵局 :NT$ 80</label>
```

```
(145)                        </div>
(146)                    </td>
(147)                </tr>
(148)                <tr>
(149)                    <td>總計 </td>
(150)                    <td>NT$ 1,580</td>
(151)                </tr>
(152)            </tbody>
(153)            <tfoot>
(154)                <tr>
(155)                    <td colspan="2">
(156)                        <a href="#">下單購買 </a>
(157)                    </td>
(158)                </tr>
(159)            </tfoot>
(160)        </table>
(161)    </div>
(162) </div>
(163) <!-- 您的訂單 /end -->
```

◇ 解說

110：建立 <div> 標籤並加入 col-md-6 類別進行內容佈局。

111：建立 <h2> 標籤並輸入標題文字「您的訂單」。

112：建立 <div> 標籤並加入 table-responsive-sm 類別，使表格在小於 576px 尺寸時具有響應式的效果。

113：建立 <table> 標籤所要加入的類別的如下：

   (1) table：套用 Bootstrap 的表格樣式。

   (2) table-bordered：使表格具有邊框樣式。

   (3) table-striped：使底下奇數行的 <tr> 欄位具有背景顏色。

114：建立 <tbody> 標籤，作為表格的內容區塊。

115、119、123、127、131、135、148：建立 <tr> 標籤。

116：建立 <td> 標籤並輸入文字「商品」。

117：建立 <td> 標籤並輸入文字「總計」。

120、121、124、125、128、129、132、133、136、137、149、150：建立 <td> 標籤並輸入相關資訊。

138、142：建立 <div> 標籤並加入 form-check 類別，以定義基礎樣式。

139：建立 <input> 標籤，所要加入的類別與屬性如下：

    (1) id：值為「Expenses」。

    (2) name：屬性值為「tran-expenses」，為相同群組的名稱。在表單中可將數個 radio 或 checkbox 視為同個群組。

    (3) type：radio 類型。

    (4) form-check-input：調整 radio 與文字的距離。

140：建立 <label> 標籤並加入文字「免運費 0」，以及加入 form-check-label 類別，使 <label> 標籤預設的下方外距值歸零。

142：在 <div> 標籤中加入 checked 類別，使此單選樣式為被選取狀態。

143：建立 <input> 標籤，所要加入的類別與屬性如下：

    (1) id：值為「PostOffice」。

    (2) name：屬性值為「tran-expenses」，為相同群組的名稱。在表單中可將數個 radio 或 checkbox 視為同個群組。

    (3) type：radio 類型。

    (4) form-check-input：調整 radio 與文字的距離。

    (5) checked：屬性會使此單選呈現被選取狀態。

144：建立 <label> 標籤並加入文字「郵局 :NT$ 80」，以及加入 form-check-label 類別，使 <label> 標籤預設的下方外距值歸零。

153：建立 <tfoot> 標籤，作為表格的結束區塊。

155：建立 <td> 標籤，並加入 colspan 屬性，且屬性值為「2」，藉此合併兩個儲存格。

156：建立 <a> 標籤，在 href 屬性中建立連結網址「#」，以及連結文字「下單購買」。

23.4.2 輔助類別

此節會針對 HTML 中的特定標籤進行修改，改用 Bootstrap 所提供的輔助類別來完成頁面調整與美化的製作，此區塊所使用的輔助類別與解說如下：

1. 按鈕樣式。

◈ HTML

```
(153) <tfoot>
(154)     <tr>
(155)         <td colspan="2">
(156)             <a href="#" class="btn btn-outline-info btn-lg float-
    end">下單購買 </a>
(157)         </td>
(158)     </tr>
(159) </tfoot>
```

◇ 解說

156：在 <a> 標籤中所要加入的類別如下：

　　(1) btn：套用 Bootstrap 的按鈕樣式。

　　(2) btn-outline-info：使按鈕變為綠色外框。

　　(3) btn-lg：使按鈕尺寸變大。

　　(4) float-end：使按鈕改為靠右對齊。

讓響應式(RWD)網頁設計變簡單：
Bootstrap 開發速成(第三版)

作　　　者：呂國泰 / 鍾國章
企劃編輯：王建賀
文字編輯：王雅雯
設計裝幀：張寶莉
發 行 人：廖文良

發 行 所：碁峰資訊股份有限公司
地　　　址：台北市南港區三重路 66 號 7 樓之 6
電　　　話：(02)2788-2408
傳　　　真：(02)8192-4433
網　　　站：www.gotop.com.tw
書　　　號：ACU084400
版　　　次：2022 年 08 月三版
建議售價：NT$520

國家圖書館出版品預行編目資料

讓響應式(RWD)網頁設計變簡單：Bootstrap 開發速成 / 呂國泰,
　　鍾國章著. -- 三版. -- 臺北市：碁峰資訊, 2022.08
　　面；　　公分
　　ISBN 978-626-324-257-9(平裝)
　　1.CST：網頁設計
312.1695　　　　　　　　　　　　　　　　111011330

讀者服務

● 感謝您購買碁峰圖書，如果您
對本書的內容或表達上有不清
楚的地方或其他建議，請至碁
峰網站：「聯絡我們」\「圖書問
題」留下您所購買之書籍及問
題。(請註明購買書籍之書號及
書名，以及問題頁數，以便能
儘快為您處理)
http://www.gotop.com.tw

● 售後服務僅限書籍本身內容，
若是軟、硬體問題，請您直接
與軟體廠商聯絡。

● 若於購買書籍後發現有破損、
缺頁、裝訂錯誤之問題，請直
接將書寄回更換，並註明您的
姓名、連絡電話及地址，將有
專人與您連絡補寄商品。